5%的改变

李松蔚 著

四川文艺出版社

果麦文化 出品

致读者

本书收录我在 2019 年到 2022 年期间，通过微信公众平台征集和发布的一系列问答。读者以匿名身份留言提出他们生活中的困惑，我给出建议，请收到建议的人一周后回信，反馈他们的生活中是否产生了变化。有了这些反馈，书中的每个干预方法都有了可验证的属性。

一共挑选了 44 个案例。为保护隐私，隐去了具有个人识别度的信息，同时为了优化阅读体验，调整了过于口语化和网络用语的表达，简化了一些相对冗长的生活细节描述，此外尽可能还原真实。尤其那些被认为不可思议的变化、与预期结果相悖的反馈，以及发出后没有回音的建议，都如实予以收录。有些提问者在第一次反馈发表后，又补充了后续的进展，这些追加的反馈也收录进来了。很多案例最初只是个体的困惑，发表到网上后，唤起了群体性的共鸣。整理成书时，我对这些引发过大量共鸣、思考或争议的案例做了复盘，补充了一些感想。它们不只是验证了某个人的一次改变，还向更多读者传递了具有普适意义的信息。全书分为五大主题，每个主题的后面都梳理了干预的思路方法，作为"改变的工具箱"，希望有举一反三之效。

目 录

引 言   1

CHAPTER 1   自我

1. 为什么我总是搞砸自己的人生？   11
2. 明知有危险，却无法节制   19
3. 这不是我想要的生活   23
4. 先给失败找好理由   28
5. 一直在失去，一直不甘心   32
6. 停不下担心，怎么办？   38
7. 自律为什么这么难？   41
8. 实际的困惑   44
9. 焦虑成了我的舒适圈   48

改变的工具箱   53

CHAPTER 2   原生家庭

1. 血缘与边界   61
2. 为了告别的停留   69
3. 难以摆脱的否定声音   74
4. 控制不住吵架   79
5. 不敢反抗   84
6. 面对催生   87

7. 在亲人面前最暴躁	90
8. 是家人的要求,还是自己的需要	95
9. 无法填补的缺憾	98
10. 无法改变的身份	101
改变的工具箱	109

CHAPTER 3　工作与理想

1. 迈不出第一步	117
2. 一周只有一天想干活	121
3. 越失败,越努力,越恐惧	124
4. 不想加班,我该辞职吗?	128
5. 恐惧权威	135
6. 做一份抵触的工作	140
7. 这个年纪该有的样子	143
8. 我是普通人,但我不甘心	148
9. 转换期的迷茫	152
改变的工具箱	155

CHAPTER 4　亲密关系

1. 一沟通就吵架	163
2. 我越操心,他越没信心	167

3. 喜欢被照顾，却无法心安理得	173
4. 他犯了错，我却不敢说	178
5. 做决定之前的准备	182
6. 没有人活该做个好人	187
7. 结论是还没有结论	190
8. 面对诈尸式育儿	194
9. 婚姻中的经济独立	197
改变的工具箱	203

CHAPTER 5　人际关系

1. 所有人都讨厌我	211
2. 我为何如此虚荣	215
3. 住在孤独的城堡里	220
4. 如何安放控制欲	227
5. 心态失衡	231
6. 如何走出讨好模式	234
7. 身体症状与人际关系	239
改变的工具箱	245

后记：打破惯性的一小步	250
感谢与致敬	271

引 言

这些实验始于一个非常私人的动机：我回答问题，想获得反馈。

对大多数读者而言，问答并不是一种陌生的体裁。这是从报纸杂志时代就开始流行的形式：读者写出自己的人生困惑，请教某一位专家的意见。其他读者围观这样的问答往来时，获得某种心悦诚服的共鸣："人生的道理还真是这么回事，跟我想的差不多！"我本人也写过不少这样的回答，博得过一些赞美。但有一个疑问在我心中始终萦绕不去：

提问者本人真的会尝试这些建议吗？会管用吗？

在心理咨询界，有一条近乎行业共识的准则，那就是不要在咨询中提供建议。这不是故弄玄虚，明知道答案却非要卖关子，而是我们相信，来访者遇到的困境绝非听别人几句话就能解决（或者说，几句话就能解决的问题也不至于特意在这里求助）。每个咨询师都了解成功的干预有多难，某种意义上像在打擂台，对抗一个名叫"惯性"的对手。它强大、狡猾、专注，有不屈不挠的斗志与自我修复的技能。哪怕是有益的变化，也会激发它强烈的阻抗，我称之为"排异反应"。生活中一切带来变化的、不熟悉的元素，它都会向外推，不惜调用整个心理系统，编出合情合理的理由。往好了说这是一种免疫机制，用来规避可能的风险；但它本身也会成为另一种风险，让那些对人有益的改变难以保留下来。

话又说回来：这些建议真是有益的吗？这件事也值得怀疑。凭什么认定来访者按照我们的建议做就是好的？它是心理咨询师的主观认识和个人偏好：我们认为什么是重要的，习惯用哪些办法解决困难。这偏好适用于咨询师，却未必适合其他人。

"当然，如果实在有不吐不快的建议，你就提，"我常常提醒那些跃跃欲试的咨询师，"但来访者听不听是另外一回事。"

老实说，我几乎认定不会听。惯性自有它的脾气。对外界灌输进来的信息，它会自动加以甄别：有些听过就忘，有些按自己的方式强加注解，有些感觉上有道理却做不到。最终留下的，往往就是符合来访者自身经验的——换句话说就是维持不变的。

话虽如此，正如你们所见，这就是一本提建议的书。

除了虚荣心和个性中对于挑战的偏爱，也有我在这些年从事咨询工作的心得。我致力于发展短程的心理咨询，希望通过几次会谈就引发一些变化。这当然不是说我比那些从事长程心理咨询（有些疗程要以年为单位）的同行更能干，只是路径不同。我不认为我真的有能力帮人解决问题，但我相信当事人自己可以。最有用的办法往往是靠自己找到的，只是很多人并没有真的在找——即使身陷痛苦，他们也总是在徒劳无功的老路上打转。

关键是走一条新的、不曾走过的探索之路。

这就是我要做的尝试：绕过惯性的阻力，请当事人尝试从没有做过的事情，获得不一样的经验。你会在这本书里看到，我给每个提问的人都写了一段几百字的回答。但与其说是回答，倒不如说是进一步的提问，邀请提问者进一步探索。我要他们动起来。无论如何我会请他们在这个星期做点事。这是一条朴素的真理：你想改变吗？做点什么吧！哪怕是微不足道的变化，也一定要从"做"点什么开始。行动者只能是当事人本人，谁都替代不了。你不能只是观看一位健身博主的视频就改善你的体形，或是阅读一份菜谱就知道食物的滋味。你想要答案，就得自己找。

很多人都喜欢通过"思考"寻找答案，更安全，更无痛，并且显得更深刻和触及灵魂。但要我来说，还是"做"点什么更管用。行动会直接带来新的经验。我不太看重读者对我在观点上的共鸣，像是"每句话都醍醐灌顶"或者"真相了"。这些说法是在表达："你说出了我一直同意的道理，很棒，但我没有什么行动。"比起这个，我更想听到的是："我也不清楚你说得对不对，所以我试了试。"试一试，无论结果如何，至少有个结果。

我猜你已经发现了，我是坚定的行动派。这本书也是一本"行动之书"。所有的答案都藏在新的行动里。行动即使不能直接解决问题，甚至可能——偶尔会有这种情况——让问题变得更糟，它仍然有不可替代的意义，新的行动启动了探索新经验的过程。

但这又带来一个问题，每个人都心知肚明：行动很难。

不是因为懒。很多人并不真的"懒",他们宁肯为了维持一个不舒服的惯性,每天付出十倍、百倍的努力,但他们害怕"新奇"。这跟神经系统的加工偏好有关。我们把那些熟悉的刺激看成安全的(哪怕实际上在伤害自己),一遍遍甘之如饴,而新的经验无论好坏,都让人如临大敌。讽刺的是,被往日习惯困扰的人,反而更排斥新的尝试,因为新的尝试意味着更多不确定和风险。相比之下,他们更愿意通过书本或听课学到一个答案——听完说一句"算了,我肯定做不到",或者"我试过类似的方法,没什么用"。有时我也会收到这种特殊的"反馈":我给出行动的建议,对方却再也没有回音。我认为这是在用一种无声的方式告诉我:"你的建议对我太刺激了,我顶多想一想,肯定做不到!"

所以,他们要尝试的行动既要是新的,又不能太难受,这就是所谓"扰动":恰到好处的"刺激",让对方更容易地启动不一样的尝试。这是这本书的挑战。

要达到这种扰动的效果,我总结了几点心得。

首先,不要太快地"同意"对方的问题。这句话来自家庭治疗大师萨尔瓦多·米纽秦(Salvador Minuchin),我认为它和爱因斯坦说的"你不能用导致问题产生的思维去解决问题"有异曲同工之妙。"问题"并不是一个客观存在的东西,它是一种叙事,它建立在提问者过去理解并回应这个世界的视角之上。既然问题是在这个角度下产生的,就无法通过相同的角度解决。

曾经有父母写信问我:孩子"不自信"怎么办?起因是他们鼓励孩子当学霸,孩子却说自己做"学渣"就挺好。从这句话里，父母听出了孩子"不自信"的困扰。但同样一句话，我也可以说这个孩子很自信，因为他不需要通过成绩排名证明自己的价值，不是吗？那么谁说得对呢？都对，不存在客观的结论，只是看待同一件事的角度不同。但如果我们已经同意了孩子的"不自信"，在这个方向上给出的任何干预，都是在重复并且强化问题——想一想父母每天鼓励孩子："你要对自己多一点信心！"孩子听来会是什么感觉？

假如一开始就把孩子的表现解读为"自信"呢？父母要考虑的就是完全不同的事。比如他们可以思考如何激励一个对自己信心十足（也许是过于自信了）的孩子。他已经不需要用成绩来证明自己的价值了，还能用哪些方法激发他对学习的兴趣？

这是没有探索过的问题。从这个问题开始，就会有新的经验产生。

很多困惑都和这里的"不自信"一样，不是板上钉钉的存在，不是某种寄生在血液或基因里的既成事实，而是一种观察和行动的模式——人们通过"看到"问题的方式创造并维持问题。跳出这个模式，就会有不同的事情发生。老话说"旁观者清"，是因为旁观者跟当事人站的位置不一样。从新的角度观察，就完全有可能看到新的结果。

但不同意对方，不代表与他为敌。这是我的第二点经验：保持对人的尊重。问题背后总有合理的一面：消沉的人也许是在用谨慎的策略回避失败；焦虑的人也许是背负了太多的期待不知拒绝；即便什么都不做的人，也可能是在用这种方式争取他的权益。我不同意他看问题的角度，我有不同的视角，但我能否把他当成一个值得尊重的人？是能看到他行动的合理性，还是认定"他犯了错,我要让他承认自己的错误"?——后面这种心态无论怎么美化,都会让我的建议带着一丝不自觉的傲慢,结果可想而知。谁会愿意听一个看轻自己的人说话呢?反过来,一个人越是被理解,越是感到安全,就越是愿意打开自己,面对新的经验。

心理咨询的基本功,就是站在对方的立场上理解对方。他眼中的世界有他的道理,只是他的道理此刻遇到了麻烦,这是他学习的契机,而不能当他是一个"之前都大错特错"或者"自作自受"的肇事者。两者的差异很微妙,但总会在字里行间体现出来。几乎所有反馈了良好改变的提问者,事后看,都是我在态度上传递了更多尊重与欣赏的。

如何做到发自内心地尊重,又能恰到好处地表达"我不同意你的看法",拓展当事人看问题的角度?关键在于我们内心是否真的如此相信。我受到的训练来自系统式心理治疗,它把大多数"问题"都看成系统自组织维持的稳态。我理解一个人如何在这个过程中建立了自圆其说的稳定感,也意识到改变带来的风险和挑战。这不是语言技巧。不能简简单单当成"说几句漂亮话,对方就会乐于改变"。不诚实的态度是骗不了人的。

第三点经验有一些古怪:请当事人尝试的变化一定要小之又小,近乎不变。

变化如果大刀阔斧,甚至于指向"你从前的活法要不得",就会变成用不上的大道理。这不难理解。关键是变化要"小"到什么程度呢?我个人的心得就是5%,不太起眼,几乎不解决问题。这反而是合适的。我那些效果最好的建议,都是请提问者在未来一段时间近乎原地踏步,维持从前的困苦。这样一来不就等于没变吗？其实也有一点变化，那就是提问者在同样的困境中多了一份觉知，至少是奉命而行的立场。这已经是变化了，会进一步催化更大的改变——这在系统治疗中有专门的原理，叫"悖论干预"。有时候，我还会把对方深陷其中的行为模式重新做一番演绎，请他带着游戏的心态重复一遍，这也是改变。

重复就是改变？听上去是悖论，却是行之有效的解决之道。

举一个书里的例子：一位提问者一直想找工作，却在行动上一直拖延，迟迟没有开始写简历。我给她想的办法是，每天写半个小时简历，不管写得怎么样，写完就删。从结果上看跟之前没有差别，她绝大部分时间还是什么都不干，简历——就保存下来的而言——也毫无变化。但她用这种办法坚持了一周，竟然写出了一份简历。因为她毕竟开始写了（她还找到了一种"作弊"的方法：把每天写好的片段如约删掉，却不清空回收站）。

不要对改变的期望太高，有5%新的经验就已经很好了。改变的悖论往往是这样：如果我说"请你变成那样"，对方会说"可我做不到"。我说"好吧，请保持你原来那样"，对方又会说"这样是不行的，我想改"……这套绕口令可以无休止地持续下去，除非我们用一种其他的方式表达："请你保持基本不变的同时，朝着可能的方向改变一点。"书里的一问一答都是如此，乍一看不"解渴"，对方的核心问题没什么变化，有些尝试甚至是在背道而驰，但没关系。重点是他有了不一样的经验。新的经验就是会带来长远的改变。

这是我最后想说的一点心得：不需要一次性解决问题。只要一点微不可察的变化,哪怕在无足轻重的地方有一点新尝试,就很好。我回信的宗旨通常就是:试一下(甚至不用保持)以前没有试过的行动,获得一点不同的体验。行动比正确的行动更重要。

把这些经验浓缩成几百个字的回复,就成了书里的"扰动":一周时间,一个行动,不需要达成终极的改变,在基本不变的同时尝试 5% 的新可能,然后告诉我结果。

虽然有这么多考虑,我还是不确定这些办法能不能帮到别人,几乎每一篇回复的末尾我都会说:我不确定结果如何。这是实话,当然也可以看成某种技巧:要让对方产生兴趣,就要留出一点悬念。这个技巧在生活中也管用,你想让别人采纳的建议,哪怕对他百分之百有用,你也要说:"这只是我的建议,我不确定对你会怎么样。"——给他留一点尝试的空间,试过之后他可能同意,也可能不同意。不管同不同意,至少已经开始尝试了。

现在就让我们揭开悬念,看看这些尝试会带来什么。

CHAPTER 1
自我

"自我"是自身的一部分，但又不能全然被自己所掌握。人在成长的过程中，多少都会遭遇对自我的失望、恐惧、不接纳。这是最普遍的困惑，也是最抽象、最复杂的困惑。

　　收录在这里的问题，有一些会让你感同身受，另一些也许让你纳闷，心想这么优秀的人也会痛苦吗？他对自己的不满，在你看来非但毫无必要，甚至像是在炫耀他的精彩。

　　但是关于自我，最基本的一条定理就是：甲之蜜糖，乙之砒霜，每个人都不一样。适用于别人的，未必适用于你。只有接受了这一点，我们才愿意花心思去了解自己，爱自己。因为没有标准答案，弯路在某种意义上是不可避免的。就像收录在这里的探索：提问的人需要花时间去尝试、碰撞、犯错；他们学到了一些东西，同时又产生了新的疑问。

　　答案尚未浮现出来，也许正在来的路上。

1. 为什么我总是搞砸自己的人生？

问：

李老师您好。

人总会有各种各样的缺点和不足，有的能改，有的死都改不了，最痛苦的莫过于，明知某个问题已经让自己的人生变得越来越糟糕，却还是改不了。我向身边的亲人朋友都求助过，他们都觉得我只是贪玩、不努力，唉。

中考前，我突然丧失了学习的动力，看着日子一天天地跳，知道自己该做什么，但就是无法去做，有时甚至就是趴在卷子上玩笔芯。我就像被外星人绑架了意志，心里很急，但就是无法停止一些无聊的行为，最多只能逼自己学半小时。高考依旧如此，我成了高开低走的典型。人生最重要的读书阶段就这样荒废过去了。

最近想振作起来考会计证，但是刚刚看了三小时剧。这个剧我以前看到一半就没看了，说明剧情对我的吸引力并没多强烈。我知道，我又在重复之前"搞砸人生"的行为模式了。

有时候感觉自己是个旁观者，在做无聊事情的肉身旁边歇斯底里："你该看书了，这个剧并不好看，无聊死了！干吗一直看个不停、逃避看书呢！"

对自己强烈的绝望促使我点开了李老师的"树洞"。你能想象出一个丧气十足的女生眯着眼睛打下这大段表述的情景吗？很绝望很绝望，绝望到麻木。日复一日，明天我又会重复今天的行为，想到这个就头皮发麻。

答：

　　"旁观者"这个比喻有点意思。旁观者看到当事人正在做错误的事，忍不住大声提醒："嗨！错了错了，你不该是这样的！"

　　如果当事人无动于衷，意味着什么呢？

　　有可能，是旁观者认错人了。

　　当事人就在自己的人设里，按照自己的想法生活，活得很自然。旁观者着急，是因为旁观者拿着一套错误的剧本，把当事人想成了她误以为的一个角色。所以，我们来听一听当事人到底是谁吧。

　　请你在接下来七天，每天记录旁观者和你的对话。

　　旁观者："你该看书了，这个剧并不好看，无聊死了！干吗一直看个不停、逃避看书呢！"

　　请你作为当事人，向旁观者解释，她认错人了。

　　对她做一句自我介绍，让她知道你是谁。比如：

　　当事人："你认错人了。我不是你以为的那个应该看书的人，我是……"

　　坚持记录七天，然后反馈你的感想。

反馈：

我的问题被李老师"挂上墙"了！相当兴奋和忐忑。下面是我的反馈：

第一天

旁观者：快两点了，该睡觉了，你的眼睛在疼。

当事人：抱歉，你认错人了，我不是你以为的因为眼睛疼就不熬夜的××，其实我是周末想怎么熬夜就怎么熬夜的××。

旁观者：就算认错了，就算你不在乎自己做过手术的眼睛，明天要见朋友，你打算萎靡不振地见她吗？

当事人：我不在乎，熬夜和出去跟朋友玩都是消遣娱乐。

旁观者：熬夜打乱生物钟，双休过完会影响工作。

当事人：你又认错人了，我不是你以为的会在意工作的××，我本人并不在意这份工作。

旁观者：既然你不在乎朋友，也不在意工作，为什么又去做呢？

当事人：为了满足朋友想见我的心情，为了家人放心。

旁观者：所以你还是在意，但是他们在意什么你根本不清楚。你其实既没有满足他们，也没有满足自己。

当事人：不想和认错人的家伙一直聊下去！

结果，我自己跟自己聊生气了，但放下手机闭眼休息了。

李老师，我发现我不知不觉自由发挥了。但是，旁观者和当事人聊到停不下来是有原因的！一切都是奇妙的巧合。

最开始被老师回应的快乐，很快被抵触做反馈的心情破坏掉了。不自觉地想：我的问题或许传达得不清楚，老师或许理解错误，这个方式太简单了吧？有用吗？……然后发现凌晨一点了，立马来感觉了。记录旁观者和当事人的对话后，脑子里不由自主继续了下去，甚至形成了一场挖掘式的探讨，关于"此刻我为什么一定要熬夜"。这种对话太熟悉了，唤醒了我曾经的某种习惯。

小学一年级时，我脑袋里突然住进了一个"小虫子"。我很爱和它聊天。我明确知道，小虫子就是我自己，但依然喜欢和它一起生活。因为它的绝大多数看法和我不一样，我喜欢和它争论甚至打赌玩。但后来觉得这样不正常，就花了很大的力气把它驱逐了，并且自认为这是成长的标志。

直到做这个反馈，"啪！"封印解除。

小虫子就是我，旁观者、当事人都是我。我过激地否定某部分自己，像割掉肿瘤一样割掉某些"我"，浑噩、挣扎又压抑地活了好久。我和小虫子聊天，可能只是某种思考模式，某种自我沟通的方式。我是可以这样的！

我不知道如何讲述那种卸掉重枷、豁然开朗的感觉。十年左右过去了，我终于和自己重新取得了联系。

李老师，您的反馈实验我可能不适用了，不过我会继续做完。

第二天

没有"认错人"的情况出现，今天的"我"特别乖，让做什么就做什么，甚至通过对话的方式自行处理了一次"情绪危机"，没有求助任何人。

第三天

这几天不睡觉瞎激动冻着了,感冒了,脑袋昏昏沉沉。虽然才八点多,但是没有蹦出旁观者逼我看书,旁观者和当事人今天都想好好休息。

我觉得我整个人都很放松,基本上要睡过去了。

第四天

中午躺在床上,不想去上班。我已经明确自己纯粹就是不喜欢这份工作,但也很难过魔法这么快就失效了。

今天在网上看到一句话:世上没有必做之事。或许"认错人了"这个实验就是想说明这个问题?我不由自主产生了联想。

当然,也可能是我对自己贪图安逸的开脱。其实有朋友提醒过我,我总是想太多,缺乏行动力,好不容易行动起来又半途而废。

旁观者:你该睡了,而不是悲伤地玩手机逃避现实。

当事人:你认错人了,我不是该睡觉的××,我是熬夜玩手机能平复心情的××。

旁观者:那好吧,我想看《黑客帝国》。

今天是随缘的一天,随缘睡眠,随缘看书。一切痛苦不过是作茧自缚。

第五天

或许是昨晚的《黑客帝国》太好看,今天一整天都比较平静,又或者说,今天旁观者成了当事人。

今天按时起床、上班、上课,甚至少有地运动了一下(太难得了,激动到泪流)。

"封印"解除后,我似乎再难感受到之前"想做某件事却做不了"的分裂和痛苦,事情都变得简单;我想做和不想做的。就算暂时不想做,心理负担也没之前重了,果然都是作茧自缚,原来越在意自己"没做",越"做不了"。另外,自我感知变得非常敏锐。我发现,"压力"的源头都是我把别人的想法胡乱堆在自己身上(应该相亲、应该事业有成、应该会来事……)。还有就是,我特别喜欢故意瞧不起自己、打压自己。

第六天

今天回顾这个实验,突然想放弃。

旁观者(或许是提问的当事人):太羞耻了,你看你提的什么问题;胡言乱语,不要让人笑掉大牙了。可惜不能删掉。

当事人:你认错人了,我不是你以为的会因为表达不当或者有错别字就感到羞耻的人。我是想抓住一切机会去解决问题的人。

当事人很强势,拿回了主场。

回忆了一下,我真的很爱通过这种打压去否定自己、降低期待值或积极性。这种"恶习"什么时候形成的已不重要,重要的是今天我察觉了,并且没有放任自己逃避。

可能我依旧难以专注,但至少以后会警醒,小心不要任由自己沉沦在消极的情绪里，逃避真实的人生。

第七天

昨天忘了反馈。

今天竟然是实验的最后一天，突然有点舍不得。

看了看毕业到现在的日记，有点可怕：很偏激，有很多自暴自弃的言论，很多消极阴暗的想法。本来想烧掉，最后舍不得。买了新的日记本，把记录反馈实验作为新日记的第一篇。

实验做完，最大的发现是：我不怎么了解自己（所以才会"认错"？），很情绪化，同时浑浑噩噩，很焦虑，又很少细想自己情绪背后的原因。所以我很容易被影响，别人三言两语就会令我改变看法。永远不知道自己该怎么表现，才能让自己舒服又不冒犯别人（所以爱辞职，爱待在家）。

"思考"和"想"是有差别的。"想"是懒惰的自由，"思考"却必须带上复杂难言的现实生活，以及对真实自我的理解。"我想辞职"和"我考虑辞职"，难度差异太大了。

其实我也不知道自己表达清楚了没有。甚至在反馈时，我发现我很容易不思考就打出一大段似是而非的大道理，所以整个反馈过程很艰辛。因为要警惕那些不是自己的想法。我一方面在审视自己，一方面在审视目前的生活，这两个东西我都没仔细看过。我想找到让它们能渐渐适配的方法，而不是像以前那样无视自我，放任生活，结果是既不快乐，获得感也低。

平凡又特别的七天反馈实验，很久没这么关心"自我"了。目前来说，有些方面的思考还是有点盲目，战胜情绪惰性还很难，但总觉得开了个好头，似乎获得了一些持续下去的动力。

复盘：

大多数痛苦都可以概括成两句话：

"我不希望自己这样，但确实我就是这样的。"

"我希望像别人一样，但我又做不到那样。"

用学术一点的语言，就是理想自我和真实自我之间有差距。解决方案说来简单，就是"接纳"，接受自己真实的样子。就像打牌，先承认手里的牌就是这些，然后再谋划怎么打好。理想必须建立在现实的基础上，说一千道一万，现实中这个人再不行，他也是唯一的行动的指望。

道理简单，做起来一点都不简单。

这个人怎么就不能更好一点呢？世道真是不公。人对于自己身上不满意的部分，积累了多年的厌恶感，早已成为一种习惯，一点想要和解的耐心都欠奉。没有别的好办法，只能磨。就像这篇反馈一样，反复提醒，自我对话。过程大家也看到了，一点一滴的进展都不易。提问者坚持了一周，稍稍有些松动，也很辛苦。如果继续坚持，收获也许还会更大一些。

需要时间，没有速成法。消化了"我不该如此"的错位感，才能看清楚真正的自己是什么样（满意也罢，不满也罢）。这还没完，从看清自己到欣赏自己，从欣赏自己到用好自己，从用好自己再到自我实现，每一段都是长期功课。在自我认识、自我成就这件事上，我们有一生的路要走。

2. 明知有危险，却无法节制

问：

我总是处于饥饿状态。刚吃完饭不久，又会觉得饿，每天满脑子想的就是一日三餐吃什么，自己也热衷于制作各种美食。

我是一个严重的糖尿病患者，血糖一直居高不下，服用各种药，加上胰岛素联合用药都无法下降。现在我的状况是左眼失明，右眼视力微弱且高度近视，脑子里还长了一个瘤，正好压在视神经上。去过上海华山医院和北京天坛医院，经过十来位专家的问诊，都建议我立即手术，否则右眼视力也会受影响，当然医生也提示手术的风险可能导致双目失明。实际上，这种情况最应该节制饮食了，但我的食欲还是非常非常旺盛。

原来我以为我的食欲问题是源于小时候，四岁左右，被父亲一次喂了五六个鸡蛋造成的。后来一位心理咨询师跟我讲，可能起源于我更早的时候，母亲的奶水不足或者是断奶过早。我问过我母亲，奶水确实有点儿不足，但断奶是一岁多才断的。

我该怎么解决食欲过于亢奋的问题？希望能节制饮食，每餐做到七成饱。

答：

谢谢来信，我对你的勇气印象深刻。在极端困难的条件下，你还在坚持自己生命的追求。

进食不只是生理需要，也是你的意义之所在。

如果单纯为了保住生命和健康，节食也许不难。但我站在你的角度想，作为一个热衷美食的人，以节食为代价换取的健康又有何意义？

所以糖尿病对你造成的威胁，比其他病人更大，更残酷。它不只是威胁你的健康，更在于你的乐趣、你的追求、你的意义感。你在医生的帮助下赢得健康时，却有可能动摇对生活原本的信念。

所以你在艰难地保持对生命的热爱，不惜以生命为代价。我钦佩你的坚持，同时也在想，能不能找到一条两全其美的路？——不放弃对食物的爱，同时也不贻误治疗？比如说，是不是可以一边控糖，一边把精力放在研制一些低糖的、同时也能满足口腹之欲的食谱上？这样，就不用克制自己吃东西的幸福感了。但我不知道你个人的喜好，会不会觉得做这样的事有意思？（它倒一定是有意义的，可以造福更多的控糖者。）

不要责怪食欲，这是你生命中最美好的感受之一。不过必须先保命，才能安全地吃，释然地吃。要怎么实现我也不确定，只能请你这周试试看。当然，也许你还能在生活中找到其他的意义，也不妨告诉我。

反馈：

这一周发生了一件很蹊跷的事情，就是星期一看到这篇回复后，星期二下午出现了几十年没有过的呕吐。呕吐了两次，而且呕吐的量特别特别大，我都很诧异，我的胃里面竟然装了这么这么多的东西。我真的很心疼我的胃，我觉得我的胃真是太不容易了，负担太重了。

呕吐之后呢？虽然轻松了一些，但我左脸痉挛的老毛病加重了，眼睛看东西也会非常模糊，这几天也一直在服用中药，在调理。

关于食欲特别亢奋的问题，这个星期我是这样做的：

首先，在情绪方面，因为我知道自己一旦有焦虑或者是恐惧情绪，就会用吃来缓解。这个我会进一步去觉察，然后尽量用其他的方式来代替。

第二，我有一个新的发现，就是我吃东西好像是在"偷吃"。因为我在家族中是长子长孙的地位，而我又是个女孩，因此我一直觉得自己好像不配吃东西，也许是从我父亲那边得到的"暗示"，使我产生了这样一个信念。所以我吃东西特别仓促，而且又特别贪婪，不是心安理得，不是悠然自得，而是在偷吃东西。

第三，就是我在技术层面做的一些实验，比如尽量减少碳水（我这周发现用豆腐皮卷蔬菜吃，特别有饱腹感）。然后就是尽量做到细嚼慢咽，延长吃饭时间，这样也可以增加饱腹感，不会使自己吃得过多过撑。再就是吃东西的时候我会留一点给家里其他人，比如说我特别喜欢的南瓜，以前我每次都会吃完，而这周我会刻意地留一部分给家里其他成员。

第四，就是吃喜欢的水果或者吃锅巴（就是米饭下面形成的锅巴）时，我会暗示自己这些东西吃了是很享受的，相比于带来的享受，对身体造成的负担可以忽略不计。这样就比较坦然，比较放松，不至于继续吃下去。

第五，就是吃完饭尽快离开饭桌，离开餐厅，去找一些其他的事情来做，免得自己过于贪恋食物。

关于生命的其他意义的寻找，我也在思考。我实际上一直在想这个事情。我觉得过一段时间我可以继续去找寻和孩子有关的事情，比如去福利院做义工。这个事情被耽搁了一两年，因为疫情，当地的福利院一直不接收，或许可以去附近的幼儿园找找有没有类似的事情——去照顾孩子，因为我对这一块特别特别感兴趣。还有就是父母这两三年也衰老了，身体出现了不少新的状况，我也需要投入更多的精力和时间去帮助他们。

复盘：

有读者好奇，这篇回复是否有什么神秘的暗示？为什么提问者看完回复的第二天下午，就用呕吐的方式清理了肠胃？其实我也不清楚。

对这位提问者而言，"进食"这件事确实富有重大意义。理解这一点，可以帮她减轻一部分的自责。这是我回信的初衷。但这无法解释上述生理性的变化——或者只是纯粹的巧合吧，但时间也太巧了一点。

你能想到什么不一样的解释吗？

3. 这不是我想要的生活

问：

我最近很焦虑。两个月胖了快十斤，而且马上要二十五岁了，我和父母住在一起但没有任何沟通。我怀着维持正常社交生活的愿望和对转行的恐惧，继续做着一直不感兴趣的工作。不知道自己的职业生涯从哪里开始，对情感生活也不抱什么希望。

看了一些心理学的文章和书，也学了一点认知行为疗法，十大认知扭曲我都有。看到伯恩斯说"人的价值不由他的成就决定"，岸见一郎说"别人做什么都与我无关"，我觉得都很对。但每当我没有达成当天的目标时，当我发现别人脸色不佳时，我总觉得是我不好。

我为转行做了一些准备。我从小就喜欢艺术，大学后发现对设计感兴趣，对一些设计师和艺术家通过作品传达了自己的理念并影响了一些人感到着迷。但当我开始学设计，老是想到要熬夜要加班要听甲方的话改方案改二十遍等可能性，想到我很可能成不了影响别人的那个人。我无法忍受枯燥单调，无法坚持，每次都是开始学习了一段时间又放下。

每天都过得很挣扎，感觉这不是我想要的生活，我也没走在成为我想要成为的人的路上。

我从小就被诊断出有抑郁症，一直断断续续地咨询同一个心理医生，但没法和他建立起良好的关系，老是怀疑他不是真的想帮助我、为什么要帮助我这种人、这样治疗到底有没有用，然后就放弃，再开始，再放弃……十年过去了，中途有过好转，但每次好转的时间越来越短，直到这两年，几乎没有好转的时候，感觉像是放弃挣扎了。

正常的时候，我会发现我有一些爱好，也有一些朋友，同事和身边的人对我的评价大多都还不错，说我聪明、风格独特、有自己的想法和追求之类的。但我始终觉得自己没有价值、没有成就、没有能力，天天虚度时光，但我也没有勇气去死。

我讨厌生活中的琐事，讨厌工作上的琐事，常常拖延，我真的不知道该怎么活下去才能不那么讨厌自己，走出这个内耗的怪圈。我大概也是拖了很久，才写下这篇求助帖。

我想深层的原因可能是我和父母关系不好，从小父母就重男轻女，喜欢我哥哥而忽视我，老是在言语上打压我，说过的承诺也没有兑现。然后我可能就发展成了一套"父母都不爱我，还有谁会爱我；父母都不值得信任，还有谁值得信任"的根深蒂固的思维方式。

我尝试过和父母和解、和自己和解，但过一段时间，就继续像钻牛角尖一样地讨厌父母、讨厌自己。我是因为想要通过归责父母来惩罚谁，还是为了给自己过去碌碌无为的二十五年找一个理由？我不知道。

我想要改变，长久的改变，想要坚持。能帮帮我吗？

答：

我想帮你，但我快要被你说服了。你列举的每一条"无法改变"的证据都很充分,那么我猜你是真的没有办法了,你的生活几乎就是不可变的。

我之所以说"几乎",是因为你也许还有一点点的改变空间。当然这点空间你可能看不上。你只想要 100% 的改变,而以你目前的状况来说,最多只能做到让你的生活改善 5%。

5% 其实也不错了,问题在于,如果你太想要一个彻底的、长久的改变,你就会被挫败、沮丧和自我否定压垮,最后的结果是连 5% 也做不到。你只做到了 0%。

所以,我们先试试把 5% 做好。

请你在未来的一周当中,保持绝大部分的生活状态不变,就像你描述的状态一样糟——或者说一样正常。不要做任何尝试改变的努力。想跟父母和解也好,转行也好,学习新的技能也好,只能拿出特定的一小时来做这件事。是的,保持一周不变,改变的时间绝不能超过一个小时。

有人会想:"这样我的生活只能变好一点点,反而让我更绝望,还不如一点都不变的好。"如果你也有这样的想法,也大可以完全不变。

总之,选择权在你这里。用最多不超过一小时的时间改变,或者完全不改变。期待你的反馈。

反馈:

看到李松蔚老师认真回复了我,其实很感动,也觉得更有动力去改变了。

距离李老师回复我过去了五周左右,我开始恢复了之前坚持了大半年的每日运动的习惯。开始运动后,我明显找到了掌控感和成就感，不再觉得自己是做不成事情的人。就像李老师所说的，改变5%，自我感觉好了很多，开始在各方面自发地做出对自己心情更有利的选择。

生活上，以前是强迫自己运动，但最后选择了继续刷手机然后自责；现在是自发地选择健康饮食，自发地选择看书，有了一些专注的时间，感到了一些微小的幸福，找到了比较舒适的一个状态。

工作上，我权衡了转行需要面对的风险和不转行的痛苦，选择了我更想要的那个。心理医生一直主张我应该边工作边学习，但我从思考转行到现在都已经一年半了，感觉学习进展不大，就决定了辞职学习准备转行。幸运的是，提了离职几天后，就找到了一个对我想去的行业有帮助的工作机会。

治疗上，可能是因为我过了二十五岁生日，也可能是我想去看牙，发现看牙很贵，我意识到需要赚钱，需要尽快有自己的事业，我开始不把自己当作孩子。为了未来有所发展，我很快去医院找了医生开精神方面的药，也重新看起了伯恩斯和幸福课，希望能好起来。

可能改变了5%以后，其他的也会开始松动，像滚雪球一样。心理学可真有意思，谢谢李老师给我的关注和时间。

复盘：

很多读者都注意到了，我在反馈一开始就说："我快要被你说服了。"意思是，她正在"成功"地让我相信，她是无法改变的。

对这句话我再多说几句。

我为什么不继续说服她,她有改变的希望呢?因为我猜,她经历过很多这样的对峙。她渴望改变,然而通篇又在证明自己的无望,这常常会吸引其他人去反驳,去灌输给她希望。改变的责任不知不觉转移到别人身上,她本人反而更抵触:"你们说的希望在哪里呢?我都试过了,真的不行!"——这不是我们想要的结果。何况靠别人灌输的希望始终有限。

遇到这种情况,更好的办法是同意她现在的心理现实:如果她认为自己身处谷底,那你就接受这对她来说就是真的(哪怕你实际上不这么看)。彻彻底底站在她这一边。然后呢?行动的责任就落在她自己肩上了:她的人生陷入了大麻烦,她现在已经身处谷底,下一步她打算如何行动呢?

很多人到这里就不敢再想下去了——他们会被吓到,情不自禁想否认,就回到了前面的循环。别怕,就这样走下去,往往会发现最坏的结果并不是结局。就像这位提问者,行动了几周,生活就变好了一些。

慢慢走,路还很长。

4. 先给失败找好理由

问：

李老师您好，我是一个高三学生，平时在学校可以精力十足地投入学习，但这次疫情耽误了回学校的时间，在家什么都不想做。明明非常想考一所好的学校，怎么办呢？

答：

疫情对不同人的影响是不一样的。

有的学生，因为在家学习有更大的灵活度，可以更好地安排时间。也有学生像你这样，待在家就什么都不想做。所以，有人会因为这次的疫情跟好学校失之交臂，相应地，空出来的位置，就会有"本来上不了这个学校"的人，因祸得福地补进去。

不过，因为有疫情的存在，两类人都可以从中找到心理安慰。考上好学校的，可以说"我太幸运了，疫情成就了我"。没考上好学校的，可以说："我的实力是可以上××大学的，可惜因为疫情……"

你看，总之都能给自己一个交代。

根据这一点，我有这样的干预建议：从明天开始，每天晚上花三分钟，给自己一个小型的仪式。如果你白天的学习效率还不错，当晚的仪式主题就是："我真棒。我战胜了疫情的影响，离好学校又近了一步。"你可以对着镜子说这句话，可以写下来，或者用别的什么办法庆祝。

如果那天学习效率不高，仪式主题就是："我真棒。但是因为疫情，让我离好学校更远了。"同样，把这句话说出来或者写下来。

不管怎样，你都会有一个好心情。坚持七天，请你在七天之后告诉我，你发生了哪些变化。

反馈：

第一天

有了一些力量，假期第一次七点起床开始学习，整体下来比之前的日子多学习了大概两个小时。但是学习时的状态没有达到巅峰，下午看书时也没有忍住去玩了游戏。

今天我的仪式主题是："我真棒。但因为疫情，我离好学校更加远了。"

题外话：本来和母亲商量好，我会比之前更加努力学习，她不干涉我的行为，她说行。结果晚上看电子版的复习资料，她一看就又开始数落我玩手机，也不听解释，两个人又吵了起来。

第二天

学习情况大概和昨天一样，不同之处可能比昨天要更主动一些。虽然还是没有达到自己的要求，也不能老是否定自己吧。所以今天，我的仪式主题是："我真棒。我战胜了疫情的影响，离好学校又近了一步。"

虽然看着这句话很不自信，我真的值得去上一所好学校吗？但读出来还是会很开心。

第三天
学习效率很低，像开始一样，只有晚上的几个小时在学习。所以今天我的仪式主题是："我真棒。但因为疫情，我离好学校更加远了。"

第四天
今天的学习应该是目前为止最不舒服的。因为鼻炎又犯了，一天都没有学习，一页书也没有看，在房间睡了一整天。

今天我的仪式主题是："我真棒。但因为疫情，我离好学校更加远了。"

第五天
打了一天游戏，没有看书。

今晚我的仪式主题是："我真棒。但因为疫情，我离好学校更加远了。"

睡下以后越想越气："就这样了？认了？"

于是又爬起来开始看书，大概从十点半看到了凌晨四点。

第六天
因为熬夜，没起来床。早上没有学习，下午开始学习，然后晚上失眠了，想着"睡不着就不要睡了，继续学呗"，于是一直学到三点多。

今天我的仪式主题是:"我真棒。我战胜了疫情的影响,离好学校又近了一步。"

第七天

学习状态很好,基本接近最理想的学习状态。还是从下午开始学习到凌晨,差不多习惯了这种模式,也成功克服了"母亲逼我学习时我就会故意不想学习"的心态。

今天我的仪式主题是:"我真棒。我战胜了疫情的影响,离好学校又近了一步。"

复盘:

但愿这位高三的同学,可以如愿以偿地考取心仪的学校。

这几年,疫情给每个人的生活都带来了巨大影响。这个干预证明了这样一件事:虽然疫情是一个客观事件,我们无从选择;但如何让它为自己所用,却是可以主观调整的。选择强调它带来的负面影响,这是一种策略,叫作"防御性悲观",也就是预先为自己铺好后路:万一失败了,不怪我,怪外部因素。看上去像是一种消极的心态,但是换一个角度,也不失为一种给自己解压松绑、轻装上阵的办法。

生活中我们觉得这种心态有点儿负面,更推崇乐观地面对困难,那当然是一种英雄主义。但我们不能代替当事人的选择。所以我设计了一个仪式,帮助他把无意识的策略转变成有意识的自我对话,怎么选都是对的,但他可以明确意识到自己在做选择。我们看到,当他做出自己的选择——哪怕选择一种"悲观的态度"——他在后面的行动中,就能表现出更大的能动性。

5. 一直在失去，一直不甘心

问：

　　我的长期困扰是，我是个失败者，一个废物。

　　三十几岁了，职场和亲密关系都是失败的，和亲人也充满隔阂。失落、失败、失望、失意、一再失去，我是"失小姐"。

　　二十几岁的时候，我对人生充满幻想，但是幻想与现实的差距让我愤怒、焦虑和痛苦。三十几岁的时候我看清了现实，了解了自己的定位，可是时间已带走了本来有的机会和选择（无论是亲密关系还是职场）。在可以预见的未来里，我似乎难以再完成什么了，我将从一个年轻的废物，变成一个老废物。那么此刻的人生还有什么意义？

　　我从焦虑痛苦的一端，走向了虚无和无意义的一端，每天起床都会问自己：为什么要起来度过一天？这一天究竟还有什么意义？看着别人那么上进努力积极，我那么丧，我觉得双方都是对方眼里无法解码的笑话。

　　如果我继续追求爱、认可和成功，那就是求而不得的痛苦；如果我放下追求，又陷入了行尸走肉般的虚无。我在二者间徘徊，在生与死的引力下拉扯。我既无法承受潮水般的失落感，也不能承受那么巨大的虚无。

　　我还有一个哥哥。小时候家庭贫困，资源匮乏，父母重男轻女，更可怕的是，我哥居然还是个相当优秀的人。我以他为荣，又因为他占据了资源和关爱而对他愤怒。长大后的我因为性格和没有资源的原因，在单位混得不好，在恋人面前又自卑。现状是，有一份工作能养活自己，其他基本算是一无所有。工作、恋情都不顺利。人生随波逐流，一路往低处走，一手烂牌不知是该打下去，还是放弃算了！

我尝试过心理咨询，喜欢听悲怆的乐曲，读过大量的名著，这些让我平静，同时更让我觉得人生虚无。

答：

有一件事我很佩服你：三十多年一直处在失去的状态里，有一样东西却始终没有失去，那就是对现状的"不甘心"。你放不下"不甘心"。

我不确定这意味着什么。我见过有些人二十多岁就放下了，什么都无所谓，像你一样有一份工作能养活自己，就够了，还要啥？他们的生活条件也谈不上有多好，但是自得其乐，没有你这么重的包袱。

这样的人生会容易一点吗？

我也不知道。我这样想只是出于好奇，并不是说服你学习他们。一来，你并不是说放下就能放下；二来，那样的人生可能也缺少了点什么。

但我们可以做一个探索。在未来的七天里，能不能请你每天拿出一个小时，在这一小时里暂时放下不甘心的感觉，去体会一下，假如这一刻的生活是你这一个小时能过上的最好的生活，你知足了，不奢望再有别的，你打算怎么利用这一个小时，让自己过好一点？

记录下你的感受。剩下的时间，继续回到你不甘心的状态。过七天再做一个对比，看看两种状态有什么不同。

反馈：

我看了李老师的回复好几遍。李老师希望我能放下。

无妄想，无理想，不破灭，太平过日子。一切没有意义，但是生活下去，成为生活本身。这是不是李老师想帮助我去到的地方？

放下之后，总要有个去处吧。

没办法，接受现实，日子还要过。早点接受，早点脚踏实地过小日子。这样的生活是不是更容易一点？我还有机会可以获得吗？不能确定。

我难以放下，难以拂去对生活的幻想。大概是因为太艰难、太挫败了。人生上半场一分没得，眼看就要零分交卷。前半场有多失意失落，后半场就有多想要逆风翻盘，这不就是人的求生欲吗？已经完成了KPI的人，接下来才有资格随意发挥不是吗？越是求不得，越是放不下，这就是所谓的"执"吧。执者失之，"执小姐"和"失小姐"从来都是一体的。

李老师说其实有选择，人生没有一定要完成的业绩。可是除了寄托于这样的价值和意义体系，似乎无所依靠，无处可去。至少我是这样。

我在原来的问题里写过，三十多岁逐渐认清现实。可是现实之重，不是人人可以承受的。鲁迅（真的）说过，人生最痛苦的是梦醒了，无路可走……李老师说放下吧，哪怕一小时，做点对自己好的事情的时候,我并不知道要做什么。准确来说,每一天每一分钟除了必要的工作,我都无处可去,无处想去。活着是惯性,不是选择。

以下是伴随着疑问的反馈:

第一天

我不知道这一个小时要做点什么。我无法停止思考和想象,我会走向哪里?是像《活着》里的福贵一样活着,忍受苦难和平庸,逐渐变得木讷、失去热情?还是青灯古佛了此一生?思考让我更疲惫了。

第二天

依然在思考我能做什么。咨询师常说要关爱自己,我不知道怎么关爱。我的肉体消耗很少,很好养活。我的精神倒是有个黑洞,看不清也填不满。

第三天

李老师最好还是告诉我这一小时要做什么。否则我不知该做什么。

今天尝试了一下停止思考(实际上做不到),做点体力活。洗个热水澡或是拖个地,只能做到边干活,边思考。做了半小时家务,家务也没有那么多,体力也有限。还剩半小时就用来书写,吐槽了下李老师,他挺成功的,我啥都没有,他还说我包袱重,这不公平……我不知道什么是"满足"的感觉,我只知道匮乏。时间、金钱、陪伴和爱,一切都是。

第四天

晚上点了一份超多的外卖，想营造一种满足的感觉。可是头脑中另一个声音却在谴责我：你看你根本吃不完，浪费！多少人吃不到饭呢！

我又觉得有负罪感。老实说，理性上，我觉得我需要的可能不是那么多，也不需要那么完美。可是充足和完美让我有安全感，有底气。

第五到第七天

没有可以特别为自己做的事。不过我倒是开始提醒自己，遇到什么事，先想一下自己需要什么，再考虑其他。

另外一个收获是，我意识到自己经常做事有头无尾，比如写这个回复，一开始很激动，有很多话要说，后来又觉得也没有多大意义。我的人生很多事都如此。可以想象一个人经常出发，但又因为各种原因中途折回——她的一生都在做这样一个循环往复的游戏，一次次地身心疲累，却没有成就。

"失小姐"就是"失小姐"。

复盘：

这是一篇超长的反馈，其中有一个画面让我印象深刻：提问者有天晚上点了超量的外卖。她说理智上知道自己不需要那么多，但她的感受是这样让她"有安全感，有底气"。我想这也是对生活态度的一种隐喻。

提问者心里有一部分清楚自己不需要那么多，另一部分又在那些需求里获得了存在的底气，她放不下。她把这些叫作自己的"执"。

哪怕她知道,"执"的代价就是"失"。

从这个角度来讲,提问者已经做出了选择。这个选择在个体意义上没有疑义。唯一的问题是,别人怎么想。我相信在这个反馈里,"李老师"某种意义上代表着她的那些同龄人,他们似乎秉承一种理性的态度,劝说她减少不必要的执念,轻装上阵,好好生活——可这些声音恰好是问题所在。它们无异于在说:"这种你坚持的存在方式是有问题的。"

其实呢?没问题,提问者只是痛苦。痛苦是一种感知自己存在的方式。这很正常。世界上多的是人选择这样存在,也安于这样存在。如果把它当成问题,这种认识解决不了任何问题,反而制造了更多痛苦。

这是我的回信没有把握好的地方——我在平均用力。在这里,平均用力就是拉偏架。即便只建议提问者用一个小时体验"放下",即便说成探索,还是带有"何妨换一种心态试试"的暗示。难怪被感知为"李老师希望我放下"。一旦有较量,就偏离了自我探索的旨趣所在。如果再来一次的话,我会表达得更明确:不要放下。保持住你的痛苦。痛苦当然可以是人存在的方式。它代表着还没有答案的课题,而这个课题是有价值的。它在追问:"我做了能做的一切,但我还是不满足,我还要做什么?"

没有答案,那就去找,但问题没有错。不要放弃问题本身。

6. 停不下担心，怎么办？

问：

李老师您好！得到您的回复应该是个小概率事件，我期待它的发生。我的问题也是针对小概率事件：周围的人认为无须担忧的小概率事件，会占据我的全部注意力，影响我当下的生活。即使朋友们耐心地劝我，说我在杞人忧天，我依旧对千分之一甚至更低的概率感到担忧。

不过我并不害怕坐飞机或者正常出门。困扰我的不是未来，而是过去。我为自己以前的错误和缺点而感到焦虑，甚至恐慌。明知无法改变过去，还是会反复检查过去的种种，用各种标准评判自己，甚至在一天的忙碌之后也会如此，直至凌晨。身体和精神都很疲惫了，却还是无法停下。事情越重要，我就越担心。但我不能以这种状态继续生活下去，我想要改变。请问您有什么建议吗？

答：

我的观点也许跟你的朋友相反：我相信小概率事件是会发生的，你的担忧是有道理的。

担忧让你备受折磨，其实是因为你拿不准。换句话说，你一方面在为将来的事做打算，另一方面又（和朋友一样）怀着侥幸，觉得说不定也不用考虑那么多：万一没发生呢？这是最折磨人的。如果确定它会发生，反倒不用受担忧所苦。

因此，这就是我给你的建议：

每当你担心小概率事件发生时，就告诉自己，不要心怀侥幸，它注定会发生（更何况你担心的就是已经发生的事）。剩下的问题就是：你必须采取怎样的预防或补救措施？——然后，去把该做的事做到。

听上去这跟你现在每天的生活差不多。但至少你这样做是有底气的，不用一边做一边怀疑自己"是不是杞人忧天"，那样是双重的辛苦。

然后，如果你感到疲惫，你可以每天最多给自己放半个小时的假。在这半个小时里对自己说"我累了，管它会不会发生，我都要休息一下"，但一定不能超过半小时。如果休息的过程让你担心"这样会不会太大意了"，就立刻结束休息时间，回到日常的备战状态里。

这样尝试一周，把效果反馈给我。

对了，收到我的回复也是小概率事件——概率大概是1%。可是你看，它就发生了。

反馈：

李老师您好！

收到您的反馈其实感觉很复杂。本来是十分期待其发生的小概率事件，但在看到"坏事会发生"几个字的时候，还是很难受，仿佛有一块冰从喉咙一路滑到肚子里。我在十分恐慌的状态下读完了您的建议。但为了改变自己的生活状态，我开始执行您的建议。

前四天还是很恐慌，光是接受"坏事注定会发生"这个想法就足以让我手脚冰凉，无法思考。因为肉体凡胎的人遇到什么样的事情都不稀奇，涉及身体健康更是如此。白天一边忧虑一边做事，晚上依旧会失眠。

但从第五天开始，我的大脑可能感到疲倦了，情况有了一点改变。每天早上醒来的第一个念头就是：完了，坏事还是会发生，只能现在多多努力了。害怕的情绪还在，但同时它更多地指向现在不够好的自己。忧虑的情绪也还在，但它也直指定下的任务和目标。怎么说呢，感觉自己做事的时候更加专心和有干劲了。

接受小概率事件会发生的观点之后，我感觉自己头上悬了一把达摩克利斯之剑。它时刻提醒我要保持警惕，不能偷懒，除了可以不担心的那半个小时。它也给了我更多的压力，让我更想要把现在手上的事做到更好。对过去的不足的恐惧，变成了对自己还没有变得更好的担忧。

虽然不知道自己现在的心态究竟是好是坏，不过我的确开始不去想小概率事件了，尤其是那些坏事。可能未来哪一天就会真正不担忧了吧。

非常感谢您的建议！祝您一切顺利！

7. 自律为什么这么难？

问：

我总是管不住自己。

第一，我有囤积癖。我的住所是个小小的单间，堆着许多东西，舍不得扔，大概是受抚养我长大的外婆的影响。大部分时候这并不困扰我，但偶尔会想："啊，房间好乱，东西好多，我怎么什么都舍不得扔，要学会断舍离。"然后整理一波房间，但并没有扔什么东西。很快房间又会乱起来，而我每日工作之后，只想看剧、做饭、发呆，不愿意整理。所以始终处在杂乱的环境里，环境又反过来影响做事的积极性（当然，我也在甩锅给环境）。

第二，晚上回家后一直到睡觉前，总忍不住要吃东西。有时并不饿，但就是要吃，而且还熬夜。我知道这样不利于健康，已经体检出胆囊息肉了。

第三，我特别爱刷剧。这本来没什么，但我很难控制自己刷剧的时间，会一直刷到晚上十二点多，我觉得不好。

我想变得更自律，知道什么是好的就去做，知道什么是不好的就不做。我该怎么办？

答：

从你的日常来看，你不需要真的自律，你只是需要一个叫"自律"的符号，用它带给自己一些积极暗示。

一个简单的办法，是给自己设计一个"自律窗"，在真实的生活中留出一个用来展示自律的窗口。具体地说，在工作时一眼能看见的地方围出一块空地，比如工作桌上，0.1 平方米就好（差不多是 30 厘米见方的一块地儿）。这块地方始终保持整洁，除此之外的地方，爱怎么囤积都可以。

同样，你可以每天给自己设置 60 秒的时间，比如晚上 11 点 59 分到 12 点整，定一个闹铃，这 60 秒的时间里什么都不干，不吃东西，也不看剧。其他时间爱怎么吃东西和刷剧都可以。

这 0.1 平方米和 60 秒就是你的自律符号。只要你每天把这块地方和这段时间管理好，就可以骄傲地对自己说"啊！今天也是一个自律的人"，从而燃起做其他事情的积极性。你也可以适当扩大这个窗口，但我觉得 0.1 平方米和 1 分钟就足够了。

请在一周后告诉我这个方法是否有效。

反馈：

截至成书前，未收到反馈。

复盘：

没收到反馈，最大的可能是没有做。

留言区倒是有其他读者试了这个方法，有人的反馈是："做到并不难。发现我不是不自律，而是不知道自律是为了什么具体的目标。"

这是很重要的自我发现。我们现在动辄讲"自律",似乎自律是现代人的一种基本美德。但自律本身并不是目标,只是用来实现目标的手段。目标只能是一件具体的事,比如工作,就应该追求工作的完成度。这个过程中伴随着一丝不苟的节奏,就可以被称为"自律"。自律很好,但如果没有确定的目标,单单追求自律的状态,那就是买了一个名叫"自律"的盒子,却丢掉里面的珍珠。也就是我在反馈中说的,一个"自律的符号"。

符号当然有符号的价值,它让人振作,自我感觉更好。那就用一分钟和一小块区域的清洁作为象征,不也够了吗?有人觉得这有点儿幼稚,像在自欺欺人,这样想的话,一整天和一整个房间的自律又何尝不是呢?

最后说一句,一分钟和一小块区域的自律其实也没想的那么容易。自律这个词本身就有点儿拧巴。它强调的是一种自我克制,自我违抗——明明不想做一件事,却要自己必须做,这才叫作自律。而且不是做一次两次,要重复,日复一日,从这份坚持中获得某种意义——可是为什么要如此辛苦?如果找一件自己更喜欢的事,高高兴兴地做下来,不是更简单吗?

8. 实际的困惑

问：

　　李老师您好，之前看您的文章有感触，自己又有实际的困惑，纠结了好几次，这次打扰一下老师。

　　我是一个大二学工科的穷人家学生。

　　之所以加这么多定语，是因为我觉得这是困扰我的问题所在。我的经历很复杂，高考那一年极度焦虑，上大学后又轻微抑郁（可能是吧），现在缓过来好多。

　　我的想法很多，导致自己很难受。原因是这样的：因为家里没钱，所以我想好好学习赚钱，我学习的根本目的就是钱，为了以后过好日子。但由于学的是工科，不学到很厉害就无法赚到很多的钱，现在快大三了，再不疯狂努力以后就没啥好日子了。这样想应该是有问题的，不过我感觉比之前的偏激好多了（之前偏激到认为不上清北就没有未来，不赚到几百万几千万就没有未来）。现在我知道该做什么、该怎么做，可就是没欲望去做。那些目标的确在驱动我，但好像又虚无缥缈，每天在家还想着去打游戏，无法专注。

　　一直待在家或学校感觉很糟糕，去旅游却又疯狂想回家回学校。哦对了说个不好意思的事：我明明不喜欢任何女生，却又想谈恋爱；这两年了也没有喜欢过谁，感觉自己好像不会喜欢别人了。这种想恋爱又不能恋爱的感觉也着实成为我生活中的障碍。就这样交织着复杂的感觉，日子好像也就这么过去了。我深知时间宝贵却又在浪费时间，浪费了又有负罪感，一直在尝试改变但好像效果有限。大概就是这样，谢谢李老师！

答：

这样说可能不太好，但我觉得你并没有说出"实际"的困惑。你的困惑都是存在于想象层面的，比如"将来赚不到很多的钱怎么办"。赚钱这些事发生在你毕业之后，就像谈恋爱的事也只会发生在你有了喜欢的对象之后。就现在这个时间点来说，它们并非"实际存在的困难"。

我有点儿意外。我的印象是，穷人家的孩子更容易提出实际问题，比如说买不起电脑怎么办，下周要实习但是没有职业装怎么办，甚至是饭卡没钱了怎么办，等等。可能你没有这些问题。那也可以像普通大学生一样，谈一些"某某科目很难，不知道怎么学"之类的困惑，也很实际。实际的困惑虽然难，但它们是可以解决的。不实际，就连解决都谈不上。

实际的困惑存在于当下的生活中。请你每天观察一下自己，发现一条实际的困惑（除非实在找不到）。连续记录七天，再反馈你的变化。

反馈：

感谢李老师于百忙之中回复我的问题。

我从提问到收到建议的这段时间里，自己也做了很多努力，开始改掉生活中的不良习惯，减少手机获取信息的时间，不去关心那些与我无关的事情，无论多少读几页书。状态较最初提问的时候有了很大改善。

我确实没有日常生活上的困难（一直倒是有担心买不起房子的焦虑），但学习上问题还不少。所以第一天早上，我写下了学业上的困惑：某某科目哪一节没有及时复习，还有某某科目什么题不会做。

随后一天，开始有意无意记着这些事，并开始着手解决。学业上的困难还是有办法解决的，第一天解决完问题，自己有了些许掌控感。

之后几天都是记下学习上的问题，加上一些想要做的事，在每天尽力去解决。虽然还有没解决的问题，但每完成一个任务，都会带来一定的喜悦。七天下来，最大的感受莫过于一步一步找回专心做事的状态。

最开心的是第六天，我控制住自己，没有玩两个月没有断过的游戏，晚上的学习也可以投入进去。第七天，一整天都在认真完成自己的学习任务，沉浸其中的感觉让我感到舒适。

这几天的记录加解决问题，让我散开的注意力重新汇聚到当下的事情。我仍然会担心未来，但较之以前的空谈与幻想，我可以开始实干了。其间也会冒出之前糟糕的感觉，但我开始有信心战胜它，并再次投入到学习中。

这段时间做出的尝试让我感到正在逐渐变好。不只是这七天，我会坚持找出并记录实际的问题和每天要做的任务。再次感谢李老师！

复盘：

有读者说，这个案例的改变，顺畅得有点儿不可思议，担心有没有可能是在迎合我？——我的理解倒不是迎合，但确实可能是一种认知习惯。提问者指出的问题，不包含具体的"事"，更多是一种情绪性的结论，比如"我没有未来"。结论看上去很重，但其实很飘忽，因为没有事实的根基。就像一个气球，风往哪里吹，就往哪里跑。所以有这种可能：上周陷在情绪里，感觉自己一无是处；这周心情好些了，再看一切都不一样。

也有一种可能，就是生活中确实有一些具体的困惑，却被结论掩盖了。具体的问题解决起来是很辛苦的，需要动脑筋，需要投入，需要耐性，而且也可能解决不掉。这时有一种防御机制，就是不再关心具体问题，只把焦点放到内心，不去考虑"怎么办"，而变成"我应当悟出怎样的人生哲学"。这确实更容易带来满足感，同时，具体困惑也还是没有解决。

有这个可能吗？困惑还在，只是湮没在了形而上的思考中。

9. 焦虑成了我的舒适圈

问：

焦虑似乎成了我的舒适圈。

这句话有点儿怪，不过我觉得这是目前最好的总结。不知道从什么时候开始，我做事情的时候喜欢在即将完成的时候"休息一下"。这一休息往往就休息得没边，直到 deadline 到来，我才慌慌张张进行收尾。

任务难度很大时，我往往做了个开头就扔到一边，不得不解决时才硬着头皮做下去。完成的质量不尽如人意，但没差到让我痛定思痛的程度。

"只需要再付出一点点努力就可以圆满结束了"让我觉得满足，"早该完成，拖了好久，太差劲了"的认知又让我不想面对任务……我似乎总是在焦虑，习惯性地让自己陷入焦虑。每晚睡觉不像是躺在床上，倒像是躺进一个装满情绪的匣子，我艰难地掌舵，不让自己陷入自怨自艾的情绪，警惕自己是不是把一点点失败放大成了人生的失败。焦灼地反思、猜想、假设、推翻……最后总以哭泣着起床结束。

去医院开了艾司唑仑，效果明显，但不治本。

"我求求你不要这么焦虑了，好好休息吧。"男友叹息着对我说。

我不确定关于睡眠的这一段是不是该归为另一个问题——总之，大部分任务如果我沉下心去做，是可以完成得又快又好的。尤其是绘画的作业，不难，画起来也很快乐。我喜欢画画，却拖了很久，焦虑地责备自己为什么落后了那么多进度，迟迟无法开始。

这么描述出来，觉得真是奇怪，最优解显而易见，却总留在焦虑里——就好像焦虑是我的舒适圈一样。

曾诊断出抑郁症和边缘性人格障碍，已经停药停咨询近一年半，我自己已经不太把这些放在心上，但也许对您的判断有帮助？尝试过"干脆就什么都不考虑了！想做什么就做什么吧！"然后放任自己打了半天游戏，画了作业之外的东西。很开心，但开心之后，焦虑还是焦虑，拖延还是拖延。

辛苦您耐心看完了这些，非常感谢。

答：

焦虑的舒适圈，或许也可称作"舒适圈的焦虑"。

我看到的是，你可以只用很少一部分力气，就维持"差强人意"的生活质量。从某种角度来看，这是挺舒适的。你不需要那么努力，就能获得现在拥有的一切，不算好，但也没有那么糟。

世道艰难，你却如此轻易地拥有现在的生活，玩游戏，画画，还有人可以爱，这是容易让人感到不安的。也许焦虑的用处在于不断地"折磨"你，让你不时感受痛苦，是一种内在的补偿机制。

所以我觉得，你现在这种状态维持下去也没问题。如果说还有什么优化的空间的话，也许在焦虑的时候，你可以用更有效的方式来"折磨"自己。比如做几件你平时没有动力去做的事。

试试看用这种心态生活一周：舒适的时候享受现状，焦虑的时候做一点自我折磨的尝试。看看这样会不会让你感觉更好。

反馈：

"焦虑时做一点折磨自己的事"，这不就是我自己常对自己说的："只要别多想，把事情做了，就不会那么焦虑难受了嘛！"

但是好像又不一样。

我一直在对抗焦虑，试图接纳它的时候也是以一种放任自流的形式。这回我跟它站在一起了——那，来吧，我们一起折磨我自己。

第一天

看到李老师的回复让我感到安慰，几乎全在享受的一天。临睡前焦虑感又涌上来，我想，先稍微试试睡一下，不行就起来画作业。

心情平静地躺了一阵子，睡着了。

第二天

醒来，开始折磨自己。画了一会儿作业，出门约会。今天不怎么难受，享受生活，玩得很开心。

第三天

大半时间在上课，不知怎的严重失眠，但不是因为焦虑。

一天没睡，躺在床上想象死后如何如何。"如果现在死了其实也没什么太大遗憾。"

跑题了。

第四天

努力避免跑题中……为了学分，勉强上老师敷衍、我们也敷衍的课，"好像在做正事"的感觉让人免于焦虑。依然睡得很少。看看前面的记录，哇，怎么总是在享受的样子——平时想到这里我该开始焦虑的，今天没有。也许因为睡太少有些迟钝，也许因为我在理直气壮地对自己说："反正焦虑了我就会去折磨自己的，急什么！"

第五天

上课。平淡的一天。我很想说自己因为隐约的焦虑感背了单词、学习了什么，但是没有。

第六天

安眠药太给力了，从早到晚我只想睡觉。焦虑感来了，脑子里突然浮现这样一个声音："停留在焦虑里不就是最折磨自己的事情吗？"

好一场文字游戏！太棒了，我简直要为自己的诡辩能力喝彩了。

所以，或许我对于改变的渴望根本没有那么大？痛苦的焦虑当然是我的问题——我并没有欺骗您。但这也许并不是我最想要解决的课题。

我是大部分人眼中的怪人。朋友不多，能聊天的多是各种心理疾病患者，抑或对我过度担忧的人。我开口总是如履薄冰，我的记录总在跑题……或许我一开始就只是想要寻找一个人，他不会被我的负面情绪感染，不会因我而忧心忡忡。我可以向他诉说，听他回应。

是这样吗？我不确定，只是猜测。我是自己迄今未解的谜团。

第七天

板子坏了，没办法画画了。我突然从"明天再画"的状态中惊醒，意识到时间是多么急迫。

几乎瞬间就被焦虑压倒。忍耐着负面情绪，开始看网课（不是为了学分的那种）。心底的焦躁太令人痛苦了，我想要扔下手机去玩电脑。可是不行，现在是折磨自己的时间——然后慢慢地平静了一些。

总体来说，李老师的建议对于平复心情的效果很明显，一部分焦虑转化成了我的动力，转化的同时也减轻了我的焦虑。以后也会继续践行您的建议。

容我跑题，写完之后我又开始焦虑一些别的东西：我是不是写得太长了？到了第七天才有了比较严重的焦虑，就像紧急赶作业的学生，李老师会不会觉得自己努力想出的回答被辜负了？——操心都操到太平洋啦！

但短时间内，我还没有勇气改变自己"操心到太平洋"的这一点。

改变的工具箱

● **向上螺旋**

关于自我,想是想不明白的,解决办法往往需要行动。

积极的行动会开启一条"行动让人的状态变好,状态变好又带来更多积极行动"的正反馈循环链路。与之相反的就是"向下螺旋"的恶性循环:因为心情不好,导致什么都不想做;因为什么都没做,导致心情更差。

这就是为什么很多人靠思考的方式解决问题,结果越想越难受。这种时候就要少想,多做。一旦开始做事,就启动了"向上螺旋"。

道理说起来容易,但要启动这个环路却不简单。第一步,就是无论如何先做一点对自己有用的事——哪怕看起来是没有意义的小事。在《这不是我想要的生活》里,我特意强调了,不超过5%,哪怕一开始只是运动热身。提问者把这个过程比喻为"滚雪球":开始了,雪球就会越滚越大。

一切的关键在于动起来。

有时人们不愿意开始行动，会把原因推给"状态"："等我状态好了，这些事都会水到渠成。"但这是很难实现的，因为不开始行动，状态不会自己变好。要考虑的恰恰是在状态不好的同时，坚持迈出一小步。

● **外化的声音**

人在纠结的时候，头脑里总在自我否定，想法一会儿一变：想做的事，事到临头又觉得做不到；想放弃，又不甘心。怎样都不满意。

一个有效的应对办法，就是把所有的念头拿"出来"，变成两个或多个角色的对话。写下来，念出来，演出来，都可以。一个想这么做，而另一个刚好反对，如此而已。当几个声音都在一个人的头脑里，来回纠结，难免就让人感到困惑："我是有什么问题？为什么明明想做的事，偏偏又做不到？"变成几个角色，一下就清楚了：就是头脑里同时有几个人嘛。几个人立场不同，意见谈不拢，也正常。这样的矛盾在生活里比比皆是。

我们在生活中都跟不同的人打过交道，很清楚意见不一致时该怎么办，那就是对话，充分的对话。友善沟通、各抒己见、求同存异。重点是，每个声音都要表达。不要预设只能存在一个声音，这是在自己头脑里的暴政——我们总认为自己只能有"唯一"的观点，从而造成了更多的困惑。有时候，允许不同的观点同时表达，本身就带来了沟通和解决的空间。

● **单双日作业**

如果一个人同时存在着两种不同的人生观，它们又指向不同的生活方式，应对这种冲突最简单的方法，就是让两者同时实现。只不过放在生命的不同时间，像是单双日或者单双周。比如说吧，一个人可能想佛系，又觉得佛系不好，放不下自己的雄心壮志，那么与其花时间纠结"哪种人生观更好"，倒不如两种都要：一半时间充分努力，另一半时间充分躺平。

这样一来，怎么做都可以，都是对的。

《先给失败找好理由》中用的就是这个方法。只不过并非按照单双日的时间划分，而是由提问者根据当天的心情，区分不同的状态。你可以看到这样做的两个好处：第一，他不需要追求"统一"的生活态度，那样就只有一半的时间是好的，而现在是两种状态都好，都有价值；第二，当他事实上开始体验不同的状态（而不是在头脑里纠结）以后，他会获得更丰富的感受，更清晰地辨别自己想要的是什么，有助于他进一步做出选择。

● **黑色想象**

当一个人特别担心某件事的时候，如果劝他"别担心，事情可能不会像你想的那么糟"，这种劝慰往往没有用。"可能"的另一面就是"不确定"，担心正是基于不确定。对方一句话就可以反问回来："万一呢？"

不要反驳，索性让他设定，担心的事确定会发生。

发生之后，再问一句："然后怎么样？"

比如，有人害怕死，就请他尽情设想"假如你真的死了"，然后呢？坏事真的发生了，接下来会怎么样？世界末日并没有到来，生活还是会继续向前。人们先是震惊，然后逐渐平复，再然后呢？不同的人怎么面对？——很神奇，这一想当事人也不慌了，会冒出各种点子，也会看到积极的一面。回过头来，最坏的情况都能应对，现在又有什么好怕的呢？

乍一看，跟我们的常识背道而驰：害怕坏事发生的人，反而在"坏事发生了"的想象中获得安慰。除了被允许的体验，也是因为人们可以对想法进行深度加工。沉浸在害怕中时，人们并不真的了解自己在怕什么，只是有一个强烈的印象："太糟糕了！""不可以让它发生！"这时候情绪当头，没办法思考"最大的损失有多大？""整个过程究竟是怎样的？"当然也就更谈不上应变了："就算在最坏的情况下，我也能做点什么。"进行了这样的深度加工，才能最有效地减轻焦虑。

所以焦虑的时候，反而可以多想一想"最坏的结果"。越具体，越实际，越有助于摆脱焦虑。遗憾的是，身边的人往往都在劝说"别想了，不会有事的"，等于还是在强化这样的意思——"它很糟糕"，"确实不能让它发生"。等到双方陷入争辩，就更没有时间对想象中的灾难做现实化的处理。

● 实验者心态

这是一种给人出主意的方式。在提建议的同时，不对建议的结果做任何预判。这样，就把建议变成了实验。就像所有实验一样，因为猜不到结果，所以期待。结果可能印证实验者的假设，也可能刚好相反。

正如你看到的，我给的大多数建议都会强调"试一试""我们看看结果会怎么样"，而不是胸有成竹地说"你照我说的做，保证解决问题"。后面这种说法一方面不负责任（谁真的能保证？）；更大的问题在于它把"行动"的目的异化了。做事是为了期待中的结果，这反而让人畏惧不前。

做事不是为了结果，那是为了什么呢？

这就是做实验，实验的目的是探寻真相——无论结果符不符合期待，它都会增进我们对事物的了解，因为真实世界的规律就是如此。同样的心态也可以用在自己身上，很多事情都有可能事与愿违，但无论如何，我们会通过行动（实验）的过程更了解自己。为了确定的结果做事，就有失败的可能。但如果行动的意义在于自我探索，就无所谓"失败"。无论结果是什么，你对自己的认识都会增加，你会更清楚自己有哪些特点。有一些方法或许对别人管用，而你有另外的偏好。

　　试试看，带着这种心态做事，会不会更简单？

CHAPTER 2
原生家庭

"原生家庭",差不多被当成了"童年阴影"的同义词。

这是流行于当代的一种伤痕叙事。人们在孩提时代遭遇的不幸,天灾人祸也好,父母失职也好,或者是观念的偏狭、风俗的落后,都在成长关键时期留下了痛苦的烙印,其影响被认为会持续到成年之后。

"我还能走出原生家庭的阴影吗?"很多来信都在问。

要走出原生家庭,先要理解原生家庭会以怎样的方式影响到成年之后。这一章的问答提供了不同的个体样本:有的需要在物理上跟父母拉开距离,有的需要改变从小培养的思维和习惯,创造出不同于以往的生活体验。但还有一些影响是观念层面的,有人已经离开原生家庭很多年,遇到问题时,第一反应仍然是"都怪我小时候"。原生家庭的叙事本身就是一种影响的媒介。它把当下的经历和历史建立了联系:自己被描述成受制于过去的、无从反抗的"受害者",一朝不幸,永远不幸。这成了一个悖论:过去那些事如果不是被反复提起,本不具有那么大的影响力。

因此,为了走出原生家庭,却把目光再次投向原生家庭,要格外地小心。它可能是为了告别的纪念,也可能是南辕北辙。

1. 血缘与边界

问：

我有一个小小的问题，就是如何与控制欲强的母亲对峙，并且树立自己的生活边界？

七岁时父母离异了，其过程轰轰烈烈，我记忆不多。反正结局就是跟随母亲换了个城市生活，从此相依为命。我妈妈的家庭非常复杂，基本上吃百家饭长大。从我记事起她就非常叛逆，所以我极少与家庭里其他亲人往来，逢年过节都和妈妈一起度过。我是一个没有青春叛逆期的孩子，可能显得温良单纯，按照母亲的说法是我被保护得非常好，她倾尽一切为我付出。

不过到了恋爱期，麻烦就来了：妈妈不喜欢我的男朋友，或者说一开始喜欢，但谈婚论嫁时她和亲家之间产生了矛盾，闹得十分不愉快，至今她都不再正眼看我老公及其家人。

我最难过的时候问过自己：如果一切由我自己决定，是否要走入这个婚姻？答案是没错，我要结婚。所以即便没举行婚礼，我也结婚了。现在我们结婚十年，依然很相爱，孩子七岁，也聪明可爱。

而我的困扰是，这么多年拉锯战中，母亲时不时用刺耳的言语斥骂我，严重时会上手打我。她的主要诉求是：我一生都被你毁了，你有家庭、有孩子、有疼你的老公，我的一辈子呢？你用什么还我？

孩子小的时候还好一些，她与我们一起生活，有家务琐事忙碌、有孩子陪伴，她也时不时是快乐的。但现在孩子大了，我们小家庭有自己的饮食起居，她似乎成了一个多余的人。她辱骂我的内容却一成不变，甚至变本加厉：她当年带孩子的辛苦付出，却换来我的不孝顺，真是一个白眼狼。

其实我以前会担心如果完全不依靠妈妈，她会失落、会有被抛弃感。所以她照顾孩子或者与我们相处我都比较配合她的情绪，但现在她会用更多的亏欠感来压迫我，我觉得很难过，非常想逃离。举个例子，她会买好菜到我家，按照自己的意愿做好饭，希望我们夸她。而这些饭菜我们并不喜欢吃，她也不在意我们是否喜欢吃，她觉得付出了就是伟大的。

今年过年也几乎没有聚餐，正因如此，她气到年初二到现在都不跟我联络。好在我们已经分开住了，有了物理距离，似乎可以冷静一下。但躲避不是长久之计，我希望找到一个科学的方式，向母亲表达自己的态度和观点。请老师指点，谢谢！

答：

你已经很了不起了。

我看过很多被原生家庭（主要是父母）反复纠缠、难以自处的案例。你的应对堪称典范：足够坚定，又足够善良。每一步都很好：按照自己的意志安排婚姻，经营家庭，和妈妈保持物理上的距离。

妈妈当然会很痛苦。这没办法，她的痛苦来自她的成长经历，不是你的问题。或者说，即使你再多说一点、再多做一点，也不可能帮她更好过。

能帮她感受好一点的，只有时间。

你说"她气到年初二到现在都不跟我联络"，你强调的是她不变（生气）的一面，但她是会有变化的，哪怕从正常的生气变得更生气、更绝望，也是一种变化。也可能她会有（一点点）冷静下来的时间，消化一些情绪或者反思；或者，她可能会反复自怜，沉浸在受害者的叙事里，但也有一天她也许会厌倦这些陈词滥调。

时间很神奇，没有一种状态是永恒的，不是你变，就是她变。过去一直是你主动改变，迁就她，这次你把她当成一个会变的人，等等看？不要预设她不联络就是生气，万一她是在适应一个人生活呢？下次联系她的时候，你先用正常的语气招呼她："新年好！我们给你做了爱吃的东西。"

她怎么接，都把她假定为有能力的、成长的人。如果她不是，别失望，给她一点时间，下次继续。你不需要再改变。我认为你已经做到了能做到的最好：在保持距离的前提下，有一点适度的关切。既不绝情，但也不要无端成为出气筒和替罪羊。保持你的稳定，剩下的，她会学着适应。

你对此有什么想法？期待你的反馈。

反馈：

首先谢谢李老师能回复我的提问，很惊喜，很感恩。

写下这封邮件是在凌晨两点，因为我晚上去见了妈妈，回到家平复了心情，正好写给老师一个反馈。

不被妈妈联络的日子里，我持续给她发信息，基本不提生活方面的需要,只是问问她在干什么,吃饭了吗,诸如此类。一直收不到回复确实很担心,通过共享的视频APP账号我会看到她在追剧,确认她是安全的。

稍后我试着发了一些长信息,讲了自己的工作计划,开学以后接送孩子的安排,让她知道我的生活井井有条。

今天我收到了妈妈的信息,约我在她的公寓见面。

说实话,见面之前我非常紧张,我等她的时候坐在车里用了一个小时让自己不要害怕。我担心她会对我吼叫,担心有过激行为,甚至让朋友在附近的咖啡厅等我,确认一切都安全。

非常感恩,妈妈比我想象中平静。失联的日子里她找了一份工作,很气,很忙,也懒得回复我。这次她约我,是想把自己从小到大的故事讲给我听。我想她应该是花了足够长的时间去思考,希望告诉我她的经历,让我理解她的艰辛和不易。

故事从她作为遗腹子开始讲,童年的苦、婚姻的苦、独自带我的苦、我结婚时她的委屈和付出……讲述持续了大概三个小时,妈妈有时候崩溃大哭,有时候生气控诉,有时候骄傲地两眼冒光。我基本没有哭,我帮她擦眼泪,我可能流过一点点泪水,但是很快我就觉得好像在看另外一个人。

这种感觉很奇怪,因为她小时候吃苦的故事让我很难过,但是回到离我记忆近一些的部分,我又非常冷静。我甚至能判断出最近几年的家庭矛盾里,有哪些是妈妈断章取义了,虽然很多冲突确实深深伤害了她。

我被质问为什么一辈子倾尽全力的付出,却换来一个不知孝顺的女儿,也被追问为什么她身为长辈却得不到来自我和我丈夫的尊重。

对于婚姻的控诉我都没有回答，我说，现在出现问题的是我们俩。妈妈说，她期望我是热情关切、时刻问候、扑过来的温暖型。

我做不到。我如实回答：我做不到。

我说：这是第一次妈妈完完整整给我讲整个故事，妈妈你真的很辛苦很伟大。其实你不讲我也能感受到，我一开始就知道，屋子里有一头大象。我在你眼里或许蠢笨，但我作为一个小孩，已经用了最大的力量去哄你开心。我记得你半夜哭，我记得你晚回家，我记得你受伤住院，我都记得。我只是觉得无以回报，这一切太沉重了，我还没有过好自己的人生，更不知道怎么帮你担负人生。我不讨论我自己的婚姻问题，不讨论两家之间的问题，其实问题只是出在我们俩之间。我长大了，不能像小孩子一样围在你身边，我们虽然还做不到亲密，但要不要试试像朋友一样互相问候？

不是被妈妈问住，我就马上去哄去撒娇。我讲出了我的想法，她也继续表达自己的极端意见，比如某大V被问到父母不认同子女的婚姻该如何处理时，回答说"最大的孝顺就是婚姻大事听父母的"。

谈话中止在她需要休息的时间。

离开的时候确认她躺下了，我亲了她一下走了。这是整个晚上唯一一次亲密接触。关上门戴上口罩，我眼泪就下来了，大概在车里哭了半个小时。我觉得好难过，妈妈为我付出了太多。我有道德被撕扯的感觉。

回家以后我冷静想了一下，事情可能是在慢慢变好。至少妈妈去工作了，无论工作是否顺心、是否受委屈，至少她有了接触新鲜人的机会。

听她讲故事的时候，我们的小凳子离得很近，有几次我低着头听，她还关心地问我是不是困了。仿佛我变成了父母，虽然很心疼，但也要学着放手，让妈妈独自一人正视自己孤寂的人生。

刚才我给妈妈发了一条信息：

谢谢妈妈今天对我讲的经历，我非常非常幸运和感恩有这样的妈妈。只是妈妈太苦了，所以敏感得像一只刺猬，被扎到几次就想逃跑。原谅我很笨拙地表达我的爱，我爱你，妈妈。

以前是小孩子的爱、少年的爱，现在是一个承担了一些生活压力的中年人的爱。我希望努力一些可以让妈妈减少生活顾虑。

工作想做你就做，不想做就歇歇，做一些感兴趣的事。让我们一起保持身体健康，日子会越来越好！

妈妈可能是睡着了，没有回复我。

但明天又是新的一天。

非常唠叨的一份反馈，感谢老师的指导。其实我最喜欢的一句话也是关于时间的——

葡萄酒的秘密是时间，一切的秘密都是时间。

几周后的第二份反馈：

中午阳光很好，果然晒太阳是容易让人开心的！

今天睡醒以后发信息给妈妈，说我带着孩子，约她去餐厅一起吃午饭。

因为有孩子在,妈妈是非常开心的。抱怨的话只有几句,我没有接话但略有反驳,比如指出妈妈举的例子里那些对父母百依百顺的孩子,都是依靠父母在啃老。我没有这样的背景和依靠,我需要自己去奋斗。

然后妈妈就不再跟我这样抱怨了。

吃饭的时候我主动照顾一老一小。七岁的女儿说:"妈妈,我多希望姥姥跟我们住在一起!"

我说不要,现在姥姥和我们要换一个游戏模式,姥姥不是我们的生活保姆,也不是只有照顾我和你这一件事,姥姥有自己的生活,我们以后要跟姥姥约好吃的、约郊游,一起去玩耍。

我想能做到的,是用教育孩子的方式对待妈妈。

妈妈那些令我反感的行为和语言,如果不方便反驳,就保持尊重和淡漠。但如果她用更健康的模式对待我,我会积极响应,让她觉得这个方向是对的。

这一路真的好难,我无数次深深羡慕其他人温暖的母女或者家庭关系。我对自己说,有希望,就值得坚持一下,我的目标并不是只过好自己的生活,还希望妈妈也能好。母女一场,情义无价,她对我倾尽全力,我至少也要做到无怨无悔。

再次感谢李老师这个温暖的"树洞"。

十个月后的第三份反馈:

今年就要过去了,回想起这一年最难忘的事情,和母亲的关系扭转当之无愧。不胜感激。给您补一份值得欣慰的后续进展汇报:

三月份开始以全新的姿态,面对独立居住的母亲后,也产生过一些来来回回的拉扯争吵，但都可以承受。

　　夏天的时候我们用小家庭自己的积蓄买了一个房子，让漂泊着毫无安全感的妈妈踏实了一些。所有的家电和装修由我们来负担，但是装饰和家具都选择了妈妈喜欢的风格，让她说了算，她像个小孩一样开心。

　　老公也非常支持且愿意，和我一起尽快把妈妈安顿好。所以通过这件事，妈妈对他的态度也有了很大转变。

　　现在我们各自有了真正意义上的家，有了独立的空间。妈妈也开始积极拓展自己的朋友圈了。

　　我有时候会想，很多心态扭转只是第一步，剩下的还是要靠自己行动。如果我能更早一些努力和奋斗，更早给妈妈幸福的生活，她也不会发疯般和我纠缠，该多么好！可是我也没办法扭转时光。即便已经比较拼命在工作，也会偷懒也会有力不从心，也想轻松一点，然后又原谅了自己。

　　就当一切是最好的安排。但愿好一些的日子现在开启，还不晚。

2. 为了告别的停留

问：

李老师，最初关注您的文章，是因为父母一年内相继去世，朋友为了开解我，推荐我读的。今天好像有冲动想把自己的困顿说出来。

已经七月了，我还在赶博士论文。是的，我延期了，想赶在八月毕业，马上要交盲审了，我觉得希望越来越渺茫。父母的事分别发生在硕士答辩和博一下学期，我不知道有没有直接的影响，可是我这三年确实像变了一个人，从不积极主动，所有的事情强逼着自己去做，很多时候哪怕迫在眉睫了，都逼不动。论文方向定了之后，综述一直拖着，拖到实验结束也没写多少。加上疫情在家待了大半年，我几乎都是独自待在房间，仅有的联系是每天跟男友的几通电话。

我不认为自己是一个特别懒惰的人，但确实所有的事情都在拖延。拖无可拖，写论文更是这样。别的同学都毕业了，我其实很难过，觉得自己像个废物，行动迟缓，连投简历面试这种事情都需要逼自己。周围所有人都对我很失望，骂不动，我太讨厌这样的自己了。

曾经有过逃离世界的念头，但只是那一阵子吧，最近没有了。可事实就是所有的事情都一败涂地，我不甘心堕落下去，又找不到改变的方法。感觉自己没有明天了，却还像阿 Q 一样劝慰自己。其实内心很不开心，也很不安稳，想逃离，却越陷越深。

跟导师商量八月毕业的时候才说了父母的事。我以为自己能改变了，终于说出口了，可是这两个月我还是进度迟缓。我不知道再要怎么去跟导师讲这样的状态，再也找不到借口了。讲出这件事并没有催化我的进度，我依旧像一潭死寂的池水。请问我该怎么改变？

答：

你好！谢谢信任，说了这么多。因为没法评估你的具体进度，我就按最坏的情况，当你八月毕不了业。说不定要明年，甚至后年？

导师那边不是问题。我先跟你讲一下导师看问题的角度：你就算晚毕业一年两年，对导师来讲并没有什么大的损失。在很多导师那里延毕是常态，一延再延不是少数，延到最后索性不拿毕业证的也有。每个导师都听过见过更复杂的情况，你这才哪儿到哪儿呢？只要你还平平安安地待在学校里，跟他还有联系，他就阿弥陀佛了。

你更需要考虑的是工作。不确定你签了三方协议没有，如果延毕，要及早跟单位联系。先交底，把最坏的可能说出来，就说不排除延毕一两年的概率，看看现在怎么办。该怎么办就怎么办吧，学校的就业指导中心会协助你处理。

其实，放在人生尺度上看，迟毕业还是早毕业、哪年开始工作，一年两年都可以忽略不计。哪怕你真的退学呢，也不过是损失了三年。人生那么长，三年不算什么。真正重要的是：你有没有做好准备，告别人生的一个阶段，迈入下一个阶段？

这件事急不得，你只能顺着自己真实的心意来。很多人像你一样，会在迈入下一个阶段之前徘徊。那也只能先徘徊了，等自己准备好。

所以我不会催你写论文，写得慢一点就慢一点吧。比起这个，趁着还没毕业的时间，重新思考一下你对未来的恐惧、迷茫、犹豫，要有意义得多。你反复提到过世的父母，我不确定跟你的状态有没有联系，但你可以试着用一下他们：

请你每天晚上入睡之前，拿出十分钟，对着父母的照片在心里做一段对话，告诉他们你为什么不想迈入下一个阶段。也许是"没有你们我害怕，我不想一个人往前走"，也许是"我还在生气你们抛下我"，甚至可以是"我不知道为什么，但我只想停在现阶段"。

请你想象一下父母的回应。每天进行一段这样的对话，十分钟就够了。

最后，无论对话给你带来了什么，都要保持现在的进度，慢慢写论文。不能比之前更快。

这样坚持一个星期，回信反馈你的状态。

反馈：

回信后两周，未收到任何反馈。

复盘：

回复发表后，很多读者留言说很感动，也期待看到提问者的变化。但是到了约定的时期,并没有收到回复。

干预失败了吗?我并不这么想——现在说未免像事后诸葛亮,但我当时就想到过,提问者也许是打算在有更大进展之后,再告诉我。

之所以这样猜,是因为从她的来信中感受到她的过度承担。拖延的理由有很多种,最让人心疼的一种,大概就是"我必须完全做好一件事,才敢向人交代"。他们不是因为不负责,而是过于尽责了。假如这位提问者看到我的回复,真的可以随随便便置之不理,她就不会有拖延的困扰了。

不用催,不用施加更多压力,我倒希望她更放松一些。干预的目标本来就不是什么时候交论文、交反馈,而是让她相信早一点晚一点都可以,不必因为自己的状态进一步自责。有一天她会看到,走不动是因为负担了太多。希望她可以从想象对话的仪式中放下一些心结,安心一些。

三个月后的反馈:

李老师,我是七月份《为了告别的停留》那篇反馈实验的咨询者,不知道您还记得不记得。真心跟您说声抱歉,因为后续论文和毕业的事情没有及时给您反馈和回复。

跟李老师汇报一个好消息,我刚刚结束答辩,在整理毕业的相关材料。

其实此时此刻,我依旧有很多困惑和迷茫。工作还没有定下来,也没有具体想要倾诉和询问的,但就是觉得应该给老师一个回复。哪怕我并没有按照老师的建议去做到。

老师说的那个方法,我第一天就没有做到。就是完全不能去想，一开始就哭到进行不下去，第二天、第三天都没有做到，之后就没有坚持了。后来逼迫自己全力投入论文，就暂时搁置了。

这几个月的日子确实很苦，但是完成之后轻松了太多。除了论文审核和修改的波折，最大的坎儿好像是在等待盲审结果最紧张的时候发现男友出轨，恍惚了几天然后转移注意力去准备答辩和工作的事情。

好像自己慢慢有些力气去做最紧迫的事情了，哪怕仍旧需要逼迫自己去做，每天量也不多。有点享受这种状态，甚至特别害怕其他不好的事情或者情绪扼杀掉好不容易恢复的、对自我的一点点信心。

我不觉得自己彻底改变了，或者完全恢复了，但是好像是好一些了。

我想把这个"好一些"慢慢坚持下去，就好像李老师说的那样，不着急，慢慢来，学会去生活，或者说，学会去活着。

老师给的具体建议虽然还没有做到，但是让我开始反思或者审视自己这两年的改变。好像确实，自己都没有意识到父母离开带给我的影响。自己像是一个迷路的小孩，找不到方向，或者，不愿意去找到方向。我好像不能跟老师确定说我一定能找到那个方向，或者什么时间能找到那个方向，但是我有了力气去试一试。

真心感谢李老师。文字温暖，字字戳心。祝好。

3. 难以摆脱的否定声音

问：

我和我妈一直都很难沟通，甚至从来没有办法在一个稍微平等、平和的氛围中沟通。妈妈是老师，所以她总是权威，她总是对的。小时候我如果提出疑问或反驳，她会说她是大人，小孩子不能这样跟大人比；等我大了，她又说她老了，我能不能不要这么不懂事？——所以我只能妥协、只能懂事，每个阶段都足够听话，按部就班考高中、考大学、考研究生。

似乎到现在也没能摆脱。

而且，她总是把我所有的努力和付出都当作理所当然，视而不见，然后说别人家孩子做得更好，导致我现在虽然是研究生，但打从心底特别特别自卑。因为没有像她朋友孩子那样考上985，因为没有找到她朋友孩子那样年薪几十万的工作，因为六级分数没有别人家孩子考得高，因为没有去考特定的证书（尽管我不是这个专业）……

大学时，如果没有一点成就，我甚至不敢和她打电话，因为我知道电话那头别人家的孩子永远厉害。万幸我也没有非常差：我努力拿奖学金，但是她视而不见；参加学校活动，她觉得很正常；经历几轮的面试通过，她觉得应该的。当我开开心心告诉她我可以参加舞蹈比赛时，她第一句话不是鼓励，而是质疑：你为什么不是站在第一个？你跳舞为什么不争取最好？

也不是每个学生都可以站上舞台的，我就那么不值得被表扬吗？

从那以后，我觉得我好失败，再也没有分享的欲望。因为总是不够好。渐渐地，我可能再也不想说什么了。然后被批评，变得更内向，不爱说话，不会表达。

我很想正常生活，正常沟通，而不是在她的威慑下过日子。我想摆脱这个局面，却又担心被认为不懂事、不能理解父母。我该怎么办？

答：

妈妈没有给你足够的鼓励，这一点对你影响很大。

这一方面让人难受，一方面也有好处。好处是你可以把很多问题归因到"妈妈不鼓励"上。比如：你觉得自己失败，你没有分享的欲望，你很自卑……都可以说是"因为没有得到妈妈的鼓励"。

但如果奇迹发生了，你妈妈对你失去了影响力，我会担心万一你的情况没有立刻好转，同时又丧失了指责妈妈的立场（你照样会觉得自己失败，照样没有分享的欲望，照样自卑……），岂不是只能靠自己承担这一切？

我不知道这会不会让人更难受。

所以，我想邀请你做一个实验：假设接下来一周妈妈穿上了隐身衣，戴上消音器，也就是说，她说什么做什么，你都看不见了。这一周她影响不了你，你完全可以按照自己的心意，想做什么就做什么，不管她有没有鼓励，你都听不见，也不在乎。

她对你一点影响力都没有。我们看看这会让你感觉更好呢（因为自由了）？还是感觉更不好（因为失去了指责的对象）？

做完实验，也许有助于我们用更合理的方式摆脱她的影响。

请在七天后告诉我实验的结果。

反馈：

感谢李老师的回复，让我很感动，也让我觉得自己好像还有救。

说说这一周的感受，不知道自己做得好不好，算不算得上是反馈。

一方面，像是得到了某种特许，这样的做法是被允许的，有点如释重负的感觉，可以偷懒，不用思考和处理情绪。于是和我妈没有那么多冲突，压力减少了，也少了一些负面情绪。

另一方面，突然发现我每天还是会被影响，但不仅仅是被我妈影响。

比如远房亲戚，高考成绩刚刚出来，他们家孩子今年高考没过本科线是运气不好，其实很聪明，而我当年是完全因为走运才考上的，中考高考都只是运气好。好像自己又被全部否定了。

比如同学，学会了做一道菜就被爸妈表扬，而我从小就会做，现在做也只被家里人认为再正常不过，当然也没有得到赞许。说实话，我还是很羡慕同学的，心里有一点点不平衡。

这几天，我妈知道了我在准备一个考试，她依然说她朋友孩子考过了，所以我也应该考过，没有理由考不过（仿佛没考过就是不孝，不认真，不努力，不能被原谅……）。

但这是第一次我没有理会她，只是跟我爸讲了，这个考试并不容易，也不是没考过就整个人生都没有价值。

压力转移了一部分，整个人也松弛了一些。

很奇妙的感觉。没有把妈妈的话视为权威的一个好处是，好像没有那么唯唯诺诺与小心翼翼，反而得到了她的一点尊重，反而有了一点点话语权。做错了事改正就可以，不是完全抬不起头，也不是完全不能沟通。

抱歉，写得有点混乱。这也是我最真实的感受了。

再次感谢李老师。

复盘：

提问者反馈："这是第一次我没有理会她。"似乎很神奇：明明一周前的信才说"不能摆脱"，怎么突然就有了摆脱的力量？

但我并不觉得很意外。

力量一直都在，只是没有动用。这是"目的论"的观点：假如有一件举手之劳的事始终做不到，除了解释为某种缺陷或障碍，另一种解释是，出于某种目的而特意"不去做"。一个成年人有能力拒绝妈妈的影响，却没有拒绝，除了来自母亲的积威之外，多半这个影响也是他（她）自己想要的。

有人说：可这位提问者听到的都是批评啊，这也是自己想要的吗？

当然可能了。

比如说，当一个年轻人对现状感到不满，对自己要求很严厉，同时也希望多体谅一下自己，那他就会说："我已经尽力了，值得鼓励"，"都怪妈妈还在苛责我"。这样一来，就可以利用父母的要求，去摆平内心的冲突。看起来好像"难以"摆脱父母，但这总比承认自相矛盾好受一些。

我这样说，并不是为了戳穿或者批判谁。我认为这也是一种值得尊重的智慧。我们充其量只要表达一点好奇，用一种假设的方式——假如呢？假如有几天不受妈妈的影响，看一眼生活会有什么不同？

这一眼，就会看到不一样的风景：

也许当事人是有能力摆脱父母影响的，只是摆脱之后，还有很多属于这一刻的功课——自卑也好，不够成功也罢——那些烦恼仍然存在，并且作为自己的责任，终究只能自己承担。这让人看得更远，也更累。

也许不一定要立刻接受这样的事实。我们仍然可以把一部分冲突交给"原生家庭"。大多数原生家庭问题都可以这样看：你并非"只能"受困于过去，你可以选择。"有能力选择"，这就够了。

看完这一眼，还可以回到原生家庭的大旗下，按自己的节奏向前走。

4. 控制不住吵架

问：

最近，我和父母的关系进入了一个怪圈。

我原本是今年研究生毕业，打算给自己安排一个"间隔年"，再继续申读博士，因为有自己想读的方向，之后也想从事科研相关的工作。从我的视角来看，父母不了解我的想法，总是不断地向我输出他们的观点，例如：公务员、教师这样的职业挺不错的，回家乡来吧，一切无忧，要是申请不上博士就会浪费一年青春……诸如此类。

我好像很受这些话的影响，因此会做出"自我保护"的架势，经常怼父母，其实我只是想表达自己的想法。这时父母也会生气，然后"反攻"我——双方不欢而散。

但我突然意识到，当我这样讲给别人听的时候，我强调的是父母不听我讲话，我没法表达，我好难受。这时候朋友会说：你父母好强势。

而从父母的视角来看，可能是另一个故事：孩子不尊重他们，以自我为中心，总是用很不和善的语气讲话，好像父母说什么都是错的。父母说一句，孩子怼几句。父母这些话可都是肺腑之言，这么大的孩子怎么还不懂事呢？真是令人疲惫。在这个视角的叙事里，我是那个不懂事、乱发脾气、我行我素、不体谅父母的孩子。

  我其实挺想和父母聊聊自己的想法，但一想到又会陷入这个怪圈，就望而却步。久而久之，我们之间的隔阂好像更深了，不知道有什么方法可以尝试"敲打"一下这个怪圈呢？

答：

  你的怪圈很正常，很多人在正式离家之前，都会和父母这样争吵几年。也许这是一种无意识的成年仪式。

  你的目标是"敲打"一下这个怪圈，我很赞同。怪圈往往是牢不可破的，我们不太可能一下子把它打破，你要把第一步定得简单一点。

  如果想让父母看到你不是那个"不懂事""乱发脾气"的孩子，请你告诉他们：每次争吵你只是控制不住情绪，但不是真的想让他们难受。为了体现这一点，每次你发现自己又"怼"了父母之后，就为他们做一件小事，比如倒一杯水（或者别的小事），让他们感受到你的善意。

  你还是可以继续争吵，这是控制不住的。只是吵完了做点不一样的事。让我们看看用这种方式敲打之后，会不会带来一点点变化？

  期待你的反馈。

反馈：

  非常开心看到了李老师的回复。其实在写下困扰的时候，我就意识到我和父母的视角看到的东西是非常不一样的，最近和父母也没有什么争吵。

不过昨天，我又冲妈妈发火了，后来我冷静下来，刚好想到了一种类似于李老师建议的方法，就是告诉妈妈我不是想让她难受，我误会她的想法了。但是我并没有采取行动（好像这么想想就轻松了，负罪感没那么重了），现在看到老师的回复非常惊讶，原来我昨天就想到了，哈哈。

我决定，在接下来遇到怪圈的时候，不只停留在想法层面，还可以勇敢做些尝试。

有趣的是，我集中注意力等着试用一下老师的建议，之后的两天却几乎没有和父母发生争执。我想，可能当我尝试换位思考的时候，怪圈已经有一些微小的变化，至少我的感受已经有些变化。

虽然明白"说服父母转变想法并非易事"，但在冲突的当下却迫切地渴望父母可以理解我。这种渴望如此强烈，以至于我很难在那一刻换位思考。这几天，我一直在考虑，行动上的证明可能比争辩更有力一些，所以注意力更多地转移到了自己的学习上。每天集中精神为自己的目标努力，同时也尝试做一些运动，几乎很少出现情绪失控的状态。

在之后几天的体验中，我也没和父母发生什么冲突，也没什么机会试用老师的建议。或许建议已经奏效了，至少我与父母间的冲突已经减少了。我曾期待能找到平和地与父母沟通的方式，现在我倒是觉得暂时搁置这一愿望也还不错。当前阶段，我申请读博的目标非常坚定，接下来的半年也会集中于此。我想，行动本身可能也是向父母传达自我的好办法吧。

最后，再次感谢李老师的回复！

一年后的第二份反馈：

李老师公众号提到要把这些反馈实验汇编成一本书，我很想分享一下一年后的变化。

去年此刻，我还在不确定性的旋涡里摇摆。今年此时，我已经如愿成为我想读的这所学校的博一新生啦。

和父母的矛盾和冲突也得到了某种程度上的延缓。我总觉得我从事实和行动层面证明了我的想法是可行的，我的目标是可达的。

再次感谢去年松蔚老师的回复和建议，我开始期待这本新书啦！

复盘：

比起"不要吵架"，更有效的建议是"吵也行，吵完倒杯水"。

前者是在讲一个道理，正确，但是不知道怎么做。后者则是一个具体的动作，只要想做就能做到。当然了，后者听起来"不太解决问题"。但解决问题未必需要一个人发生由内而外的、连根拔起的改变。他也可以还是他，带着他（暂时没能解决）的问题，只是做了一点不同的动作。

在我看来，完成一个动作，比想明白一百个道理更有用。

这样做还有一个附带的好处，它让这件事变得轻松了。"不要吵架"是一根随时绷紧的弦，"吵了再说"则有一种随遇而安的松弛。这反而有助于我们情绪平稳。有些情绪不再被刻意关注之后，自己就会淡化。这叫作"看见"或是"允许"这些情绪。反过来，越是不被允许的情绪，就越难以自控。正如提问者体验到的，允许争吵之后，争吵的冲动反而少了。

还有一种可能，就是有人听到我这样说，感到不服气："这建议未免也太小瞧我了，凭什么说我只能继续吵？我偏不吵！"——可以啊，有时候激将法也是管用的。假如因此有了自我管理的动力，不是更好吗？

5. 不敢反抗

问：

您好，李老师！我有个困扰：小时候母亲就去世了，父亲给找了个继母，继母很厉害，总是说我这不行那不行，还总是埋怨我。

小时候不敢反抗，现在好不容易长大了，我发现自己还是害怕厉害的人，害怕别人埋怨我。当对方用言语攻击我的时候，我不会反抗，只会发蒙，之后又气得够呛。我该怎么办？

答：

有研究发现，那些在童年时期失去亲人的孩子，对逝去亲人最难说出口的一种情感是：生气。被重要的人抛弃的生气——"你抛下我而去，留下我在这个世界，一个人遭受那么多委屈。"生气是有理由的，但这份生气好像又不容易表达：你遭遇了比我更大的不幸，我怎么有资格责怪你？

如果不能表达出来，这份生气就会变成别的东西。

有可能，你现在明明有能力反抗了，却不反抗，让自己始终处在小时候那种被继母欺负的位置上，这是你用来对亡母表达生气的方式。

所以，我的建议听上去有一点奇怪：我建议你用一个仪式把生气变成语言，看看这样表达会不会更直接一点。每一次，你被人埋怨又不能反抗的时候，请你找一张母亲的照片，对着照片说：

我太生你的气了！我现在忍不住一遍一遍让自己受委屈，就是为了让你不要离开我！

不知道这样说完，会不会带来变化？或者你也不愿意说这句话（如果让你感觉不舒服，那就不要说）。无论如何，一周之后请给我一点反馈。

反馈：

李老师，看到您的回复，我太激动了，想哭。

这个问题困扰了我很久。我二十八个月大的时候母亲就去世了，仅有的一张照片还不知道哪儿去了。我没有照片，只是试着在心里念那句话。不知道没有照片行不行？

我哭了，有说不出来的感受。似乎理解了自己为什么会这样厌，又有一种与过去告别的轻松感觉，自己以后好像可以不怕厉害的人了。

这只是感觉，不知道下回遇到厉害的人能不能敢于反抗。即使不敢反抗，我相信每回受委屈，我就在心里说李老师的那句"我真的很生气，我不自觉地一次次受委屈，就是为了不让你离开我"，总有一天我会和过去告别。

李老师，我会一直观察自己。如果有一天我学会反抗，不怕厉害的人了，我会把这个好消息第一时间告诉你！

非常感谢李老师的"树洞",就像解忧杂货铺,我把信寄出去,心里期待可以得到解决的方法;得到回信后好开心,又写了这样一封信。

6. 面对催生

问：

　　我一直是个感情上恋家的人，生活上其实很独立。原本很享受周末回家待待，但大学毕业后，爸妈的话题开始绕不开谈恋爱；恋爱了，又绕不开结婚；结婚了，就围绕买房和生娃。

　　这大概是普遍现象，也没什么稀奇，只是我也不太懂得如何应对。一方面，婚姻中有些困惑似乎也没法和父母说清，很多事情也不见得就能按计划理想进行；另一方面也感觉矛盾，知道父母说的年龄什么的也在理。可是又的确不觉得是合适的时候，还有很重要的问题没有解决，总不能就这样又被推着走到下一个阶段了吧。我心里也清楚：就算房子搞定了，一胎来了，接下来不就是开始催二胎了吗？

　　三句就聊到这些话题，渐渐地我也不敢回家了。怕和父母聊天，怕进行中的话题突然结束，因为立刻又要聊到催生上。可是内心又多么煎熬。时间一点点过去，我们都在老去，能一起的时光也没有很多很多了。

　　再回到自己，不是丁克，但确实对婚姻还有疑问，对方也不着急。只是双方父母催生的压力让我有些喘不过气，每一次对话都是"你得赶紧生，我们等得太焦虑了"；也会用种种个例说女人老了就不好生了。好像我一直拖着不在对的时间做对的事。唉。

我想，这是一个没有答案的问题，毕竟未来的事情谁也不能预知。只不过还是很好奇松蔚老师您会怎么建议呢？

答：

应对父母的办法倒是简单：不理。

他们有权催生，你也有权把他们的声音当耳旁风。

但我猜这不能解决你的全部烦恼。

你自己也在纠结。困住你的不只父母的声音，他们就算不吭声，但仍然有一部分压力存在，那就是时间。时间在一年年地流逝，而你暂时还没想好自己想要怎样的生活，这是烦恼的根源。这烦恼本质上是针对自己：你也不知道想要什么。

家人念着催生的咒语，反而帮你消解了一部分压力，把个人的烦恼转移给了家庭的矛盾，好像全部问题都来自他们的"催"。他们树了一个靶子。盯着这个靶子，关注点就不再是"如何安排未来的人生"，而变成了"如何应付家人"。

这是一种应对压力的策略：转移焦点，搁置主要矛盾，制造次要矛盾。这种策略对你是有用的，你可以鼓励父母多催你，然后理直气壮冲他们发火，通过这样的吵吵闹闹，消解这个问题。

另一种应对压力的策略就是认真思考，想清楚现在的问题在哪里，你想要什么。这就容不得逃避了。如果你决心这样做，就跟父母好好谈谈："最近一段时间不要再催我了，让我自己沉下心面对这个问题。你们催我，反而会转移焦点，请你们保证一年（或者你认为足够长的时间）不催，让我专注思考，我会在年底告诉你们我的打算。"

两种策略都不错，但你倾向于用哪一种呢？你可以先想一想，一周之后，告诉我你的考虑。

反馈：

松蔚老师，谢谢您的答复。

您问我倾向于用哪一种策略，我想了大约一周，在这个过程中竟然也有点儿释然了。说到底还是自己不清楚到底该怎么走，但时间摆在那里，而任何一个决定都会产生责任，所以在苦恼的时候还可以想成是被催的烦恼吧。

还没有直接和父母讨论这个问题，只是平常地聊聊生活的小事，给父母买些日常用品寄回去。

我在想，下一次回家见面的时候，面对催生，知道那只是自己转移烦恼的靶子，应该可以做到不像以前那样逃避或心生烦躁吧。

在这一周里，我花了更多的时间去考虑到底自己想要什么样的生活。其实我也不是很确定，而生活是不是本身就没有那么多"确定的事"呢？

但我还是更倾向于后面一种策略，知道终究还是在于自己，勇敢点做选择，不可以再逃避啦。

7. 在亲人面前最暴躁

问：

我想向您请教我和妈妈相处的问题，这个问题已经存在很久了。

我从小和妈妈两个人一起生活，关系非常不融洽。我在其他人面前都是温柔可爱、有耐心、会撒娇的性格，只有在妈妈面前，我表现出的是最坏的自己：非常暴躁，没有耐心，任何事都要和她对着干。

从我上初中开始到现在，我们两个就一直这样。我大学毕业留在大城市工作之后，过年偶尔回家，这样的关系模式还是没有改变。

我设想过很多种原因，但都觉得不对劲：

设想1： 因为妈妈是我最亲近的人，我潜意识里确信她不会离开我，所以我才敢这样。但我和我奶奶也非常亲近，我们之间就是正常的祖孙间亲密的互动。我和男友或好朋友在一起也都有强烈的安全感，但我和他们的关系都很正常。

设想2： 我需要通过这种方式引起妈妈对我的关注？我觉得也不是，妈妈退休之后没事做，就很关心我，我觉得非常非常烦，宁愿她不要管我的任何一件事（实际上她真的没办法插手我的任何事，因为我不让）。

设想3：我嫌弃我妈妈，对她要求苛刻，实际上是对我自身认同的映射？有的时候，我对我妈妈的想法，就是对我自己曾经有过的。

李老师，我想改善和妈妈的关系，该怎么做呢？

答：

笼统地说"非常暴躁，没有耐心，任何事都要对着干"，我还是不知道你们之间发生了什么，不知道她怎么惹到你，就没法给出更具体的建议。

如果可能的话，请你连续三天暗中保持一个观察，记录你和妈妈的冲突，记住她说哪句话会激发你的愤怒。那句话最好一字不差地记下来：争吵是怎么激发的？你又会怎么回应？最好能记住原句。

如果在气头上记不下来，也可以录音。

请在三天后回顾一下这些记录，看看你有什么不一样的设想。那时我也可能会有更多办法。

反馈：

松蔚老师，您建议我记录下和妈妈的争执内容，其实我有点抗拒。我不是非常愿意记录，因为每次吵架都是吵完就过了，我很少回顾到底是谁的错，到底哪一句话或哪一件事是导火索（但我自认在工作中以及在个人成长方面，都是一个勤于、勇于回顾和反思的人），所以拖了两三天才给您写反馈。

另外，您说"任何事都要和妈妈对着干"这个说法太笼统。我也惊讶了：我咋能那么缺乏细节地概括和我妈之间的互动？好像我是为了吵而吵一样。

以下是我这两天记录下的和我妈妈争执的细节：

场景1

（作者注：具体记录涉及过多生活细节，此处从略）

我妈妈总体来说是非常讲道理的。小时候我们吵架，如果她不对，她过后会向我道歉。且我和她都不是性格激烈的人，就比如这一次我放弃沟通，回房间关上门后，争吵就告一段落了，没有继续朝更严重的方向演变。

这次我也有做得不好的地方。我的语气到后面很激动，说教口吻很重，我妈妈是被这个激怒了。即使她想法上有不对的地方，但后来我发了脾气，她就没有再逼我继续相亲。而且，我反思自己，对"不愿意妈妈给我介绍相亲对象"这个问题，除了发脾气，其实有很多更加和缓的处理办法。但我连考虑一下都没有，就直接选择了最激烈的方法。是我对妈妈缺少耐心。如果换了别人，我会考虑有没有其他更平和的沟通方式。

场景2

（作者注：具体记录涉及过多生活细节，此处从略）

对话看上去很平淡，但我语气非常凶。我意识到，其实我和她的争吵都是这样的情况：并非真的生气，但语气非常不耐烦，嗓门高。我本身性格、气场就比我妈妈强，她的语气有时是正常的、偏弱的，但我不是。单纯就这件事而言，我语气不耐烦，是因为不喜欢我妈在边上指手画脚。她是有不对，但是，我每次都直接选择最粗暴、激烈的方式进行反抗。我甚至都忘记了，在成长过程中，是不是曾经发生过我试图跟她好好沟通但她不理我，只有我大吼大叫她才能放弃对我管束的情况，导致我现在用这样的方式跟她沟通。但下次我会冷静一下，换种方式跟她沟通看看。

总结：

其实这几天的争吵根本不止这两次，而且现在想来这些事情根本不算争吵，连摩擦都算不上，就只是大呼小叫。出问题的不是事情本身，而是我的语气。语气不好也已足够伤人。我曾经和妈妈恳谈过，妈妈承认，在我成长过程中，她对任何人都很温柔，就只对我发过最多的脾气。我心里很惊讶，因为我也是这样对待她的。

我现在长大了，工作独立了，每年陪她的时间就是过年短短几天。她早就想跟我拉近距离好好聊天了。所有的大声吼叫、不耐烦、不愿意沟通，都是从我这里先开始的，她反而是包容我的那一方。我虽然理智上很想改，但只要和她一见面，就自然而然地开启了暴躁模式。虽然我们彼此诚恳交谈过，但是，我没有信心因为一次交谈就彻底改变对她的态度。我毫不怀疑，在我离家之前，我一定还会暴躁一次。

松蔚老师您说过，两个人的相处和争执一定有他们自己的解决方式，这给了我灵感。我在想，我和我妈大呼小叫的解决方式是什么？都是两个人默契地住嘴（大部分情况下是她让我）后，就没有了后文，直到新一轮大呼小叫。我再次反思我的语气，忽然想到，其实这并非小时候妈妈对我的语气，而是我奶奶（不耐烦的时候）对我的语气。我每次被奶奶大呼小叫后都很害怕，都会让她。可能我潜意识里认为，这是有效的解决方式。

另外，我真的忘了，我小时候是否有轻声细语和我妈妈沟通成功的经验。

最后，感谢这次宝贵的反馈机会，从中我总结到了以下几点：

1. 我和我妈之间的问题出自我的态度，而非事情本身。
2. 我需要改变说话的语气。
3. 我对我妈的大呼小叫是有参照范本的。

我仍然没有信心能够找到和我妈之间良好的相处模式，但至少对我俩的关系有了更深刻的认识。谢谢您。

复盘：

一个很好的例子——仔细盯着你的问题看，问题就会"软化"。

干预的思路叫作"观察任务"，在本章最后有一段详细解释。这里只是想感慨一句：那些让我们困扰半生的问题，其实我们从没有认真地看过。

8. 是家人的要求，还是自己的需要

问：

李老师，我一直很困惑自己为什么睡前总会吃东西，后来想起来小时候必须吃掉妈妈让我吃的一大堆东西，哪怕每天都要吃酵母片帮助消化。饱腹可能是我长期的状态。我本以为看到了原因，情况就会改善，然而并没有。我还是忍不住睡前吃东西，其实肠胃负担很重，该怎么办呢？

答：

你好，这是给你的建议：

请你保持每天晚上睡觉前吃东西的习惯。但在这之前，先用十分钟时间做一个清单，计划一下明天晚上睡觉前想吃哪些东西。

这个清单要包括两部分：

1. 如果妈妈在，她想要你吃哪些东西？
2. 你自己想吃哪些东西？

把这两部分食物记在纸上或手机上，确保明天按照这个清单为自己准备食物。不一定要全部吃完，但必须足额准备。要先列完明天的清单，再吃掉今天的食物（它们是你昨天列在清单上的）。吃到不想吃以后再睡觉。

请在十天后给我反馈，告诉我这个建议完成得怎么样、这十天中发生了哪些变化，以及你每天睡前进食的量总体来说增加了还是减少了。

反馈：

李老师您好，收到您的回复的时候，我想了很多。

我觉得可能错怪妈妈了，她其实是个很正统的人，吃零食根本就不在她的考虑范围里。我也想起了和吃有关的许多许多经历，觉得这是一个复杂的问题。不过您的回复令我感到清醒，仿佛从一个模糊的云雾团里抬起头来。

第一、第二天，我其实想不到自己想吃什么，列了果冻，但因为改变了回家路线，不路过超市而没有买。

第三、第四天，因为十一放假，我的作息发生了变化，到八九点的时候喝了粥，就没有想着在睡前再吃什么。

再后来，我没有想起来要列清单。大多数时候，我并不真的需要它们。

复盘：

一个简单的干预，见效却出奇地快。

提问者无须做太大的努力，不过，吃东西从一个无意识的行为，变成了一组有计划的行动（列清单）。刻意为之，变化就随之发生。

但我不确定提问者是否喜欢这样的变化。从反馈的文字中，并没有看出如释重负的快乐。也许提问者还没有回过味来：这是我想要的变化吗？——虽然减轻了肠胃负担，但也失去了跟童年、跟妈妈联系的那条线。

之后就算继续吃，也没办法把它算在妈妈头上了。

这个干预也让我对"原生家庭"多了一些思考：有时候，只要我们稍加梳理（"哪些东西是妈妈要我吃的？"），原生家庭的解释就未必站得住。它是一种被发明出来的、功能性的解释，看上去是为了解决问题，实际效果却是维持了问题。提问者从一开始就把"睡前吃零食"的行为和童年经历联系起来，这让她感叹：虽然"看到了原因"，情况却从未改善。

9. 无法填补的缺憾

问：

我的父母是遥远的存在，却又无时无刻不在影响我的生活。甚至，我觉得我患上乳腺癌也与父母紧密相关。父母在我一两岁时离异，之后母亲从未露面，父亲对我也极少关爱。自小得奶奶呵护颇多，但她早已离世。

现在，我在自己身上发现了跟我爸一样的强势和控制欲，想对儿子放手可就是放不下，对他的学业过度焦虑，如果他不按照我的计划完成每天的学习，我就会崩溃。这一点像极了我爸。为什么我会把最讨厌他的地方复制到自己身上？这种代际传递太可怕了。

我也试图理解爸爸，从他的生活环境、文化背景去思考他的人格养成。但只能暂时消解我心中的怒火，我还是不能从根本上接纳他。

不接纳就不接纳吧，我不强求，如同他不爱我一样，我也求不来。只是我担心这会影响到我与儿子的关系。我觉得一个人与父母的关系会影响他一辈子的幸福和健康。像我得了癌症，会把部分原因归于父母：母爱缺失，父爱也谈不上，似乎内心永远有一个巨大的空洞无法填补。

请老师指教，谢谢！

答：

有时候我们会用一些奇怪的方式思念父母，在童年时缺少父母之爱的情况下尤其如此。比如，无论生病还是对孩子发脾气，都会让你情不自禁地想到遥远的父母。

这不是软弱，而是一种自然的代偿反应。但我建议你用更直接的方式来表达这种思念。

请你准备一张纸，写上一句话："我想爸爸了。"每次一对孩子发脾气，你就悄悄在这张纸上记一笔"正"字（或者请孩子提醒你：你又想姥爷了），记完了，跟你的思念一起待几分钟。其他时候想起爸爸，也可以照此办理。

坚持一个星期，看看你对孩子的脾气有什么变化？

反馈：

一开始看到您对问题的分析，我觉得匪夷所思。但我还是照做了：只要有"爸爸不好"的念头冒出来，我就会转念问自己——"我又思念爸爸了？"然后，对他的抱怨就不见了。

从收到您的邮件到现在，我一直没有对娃发过脾气。

最近从潜意识里涌出最多的，就是自己以前犯过的各种错，后悔自责非常之多。原来对爸爸的各种指责，现在又转移到自己身上了。我想也许是问题渐渐靠近"根源"上了：对自己的不满和悔恨。

复盘：

这个案例尝试了一种新的策略。同样的问题，把负面解释（对原生家庭的抱怨）换成了正面解释（对父辈的思念），问题就消失了。

原理很简单：我们打破了"解释"和"问题"之间的循环。

提问者遇到问题（发脾气），把它解释为原生家庭的痛苦，而这个解释又会反过来作用于提问者的问题，令她愤怒的情绪愈发强烈，由此形成恶性循环，问题就从偶然的、本可以自发调节的脾气，变成了难以自拔的怒火。在这种情况下，建立一种新的解释，提问者想发脾气，新的解释却让她感受到温情或哀伤，就不会再加重愤怒。循环也就不攻自破了。

这个例子让我们看到，问题的解释既可能加重也可能缓解问题。"原生家庭"作为一种解释本身，要考虑它在问题中扮演的角色。

10. 无法改变的身份

问：

您好！我是一个出身农村，即将从××大学毕业的研究生。以下是我的问题，希望有幸收到您的回复。

1. 重度拖延。我对论文极度畏惧、焦虑，疫情在家的两个多月，我几乎没有写过论文，总是能找到明天再开始的借口。我害怕一个人待在家，我完全不能自控，从小在家就没办法学习。导师很忙也不催我，偶尔问一次对我的拖延也是很无奈。我快三十岁了，真的说不出口让父母放下农活来监督我，我也不敢给导师添麻烦，让他每天督促我。我感觉是因为自认为能力不足，没有写论文的经验，没有把握，同时又缺乏学习的耐心，所以拖延。三年的研究生生涯，我对自己是不满的，没有努力学习，浑浑噩噩浪费了这份宝贵的机会。我苦苦考了三次才考上研究生，每次想想与其这么痛苦，还不如不毕业了，但自己背负的期望、付出的时间哪里容许我这么做。我无法想象毕不了业父母会有多失望，更可怕的是会彻底失去自我认可。我也很清楚这个恶性循环只需要"做点什么"就能打破了，可就是动不起来啊！我也不想写多好，完成即可，我不想再继续苛责自己过去的不努力，但我就是宁愿焦虑也不愿行动。为了晚上不至于失眠，我需要尽可能多地找点事做，除了写论文，再苦再累的活我都愿意干。

2. 我感觉自己需要多一些支持，却又没什么朋友，况且哪里有真正的感同身受？父母总是忙着干活，从来不会问问我怎么了。多希望在我歇斯底里嘶吼的那一刹那，母亲可以抱抱我，问问我怎么了。我除了沉默，还是沉默。好无助，怕麻烦别人，怕别人没时间听我倾吐这些负能量。

3. 我打小就是个刻苦勤奋的穷学生，没有背景，考大学是唯一的出路。但考上大学以后，却觉得迷茫无助，没有兴趣做科研，也没什么兴趣爱好，固执死板，自卑敏感。本科和研究生期间都是得过且过混文凭的样子，也不知道毕业以后该怎么办。知道自己能力有限应该努力，可是没有目标，缺乏内驱力。以前刻苦勤奋的自己再也找不回来了，愈发懒惰、逃避、懦弱、没有自信。焦虑、自卑、压力大的时候就喜欢吃东西缓解，但越吃越焦虑，对自己的认可度也越低。

4. 我也相信自己是读书太少，想得太多，可又没有毅力去改变，总是浅尝辄止。不是说生命总会找到出口吗，可出口在哪里呢？我渴望自己减肥成功、学业有成、满腹诗书，有体面的工作、自律、乐观、勤勉，孝顺父母，被尊重、被认可、被爱，但是生活现状似乎却是反面。尽管父母没有给我想要的关心，但他们也是尽己所能地爱我了，我怎么忍心提更多要求！

我非常怀念以前努力上进的自己，多希望自己可以加把劲，从这种绝望的状态中走出来。

李老师，好希望您可以抽出一点时间回复一下我，教教我如何结束这种行尸走肉般的状态。

答：

你写了很多字，流露出很强烈的情绪。我看完之后最鲜明的印象是，你在让我记住，你是一个出身贫苦的"穷学生"。你不断地强调这个出身，我想，那对你一定是很重要的一个身份。

在你踏踏实实做穷学生的时候，你刻苦、勤奋、上进。说明那个身份让你安心。而考上××大学（一所名牌大学）以后，穷学生的身份受到了动摇，你开始迷茫。现在即将研究生毕业，你可能会永远失去"穷学生"的身份，转而变成"××大学校友"这个充满精英气息的身份，我猜，你对这个新的身份充满恐惧。

你像是无声呐喊："我并不是那个人！"

说来有点荒谬，但我想，你需要在未来的人生中，以某种方式保留"穷学生"的身份，随时提醒你的来路，这可能会让你多一些底气。

我的建议是，拍一张你和父母一起做农活的照片，摆在书桌前。每天做事之前，先对着这张照片做五到十分钟的冥想，加深你作为穷学生的记忆，像一种祷告："我不会背叛作为穷学生的自己。"

接下来像往常一样，该做什么做什么。

坚持这样做一段时间，七天后给我反馈，看看有没有让你的学习状态变好一些。

反馈：

李老师您好！抱歉，因为拖延没能如期反馈。

第一天

今天看到了松蔚老师的回复，感觉喜从天降，似乎对自身的问题有了一点解决的信心，认真读了几遍老师的回答并做了笔记，然后就忘乎所以。这就是我的问题之一：凡事稍有进展就沾沾自喜、自我奖励，遇到一点开心的事就更把论文抛到九霄云外了，会用完成任何其他事的成就感来弥补没写论文的愧疚。论文就好像是我心里的"珠穆朗玛"，我每次站在它面前都心生畏惧，我不敢开始，也不想开始，在最后期限来临之前，能开心一秒便开心一秒。

第二天

早上起床，选好一张用来冥想的照片，冥想了七分钟。我反复回忆着自己从小到大在家做农活的场景，心里默念："不要害怕，我还是那个勤奋刻苦的穷学生，不会背叛和忘记自己的来路，不论未来要去适应什么角色，别恐慌，更不要逃避。做好了更好，即便做不好，对比起点很低的我还是进步良多了，别勉强自己，别苛求自己……"

似乎拖延已经固化成了我的生活习惯。习惯了拖延，习惯了一面对论文就焦虑进而逃避，一面对这件事就想用其他事来转移注意力。

我很难独处，很难静下来，一会儿看看手机，看看无聊至极的电视剧，一会儿和妈妈聊聊天，和小侄女玩一会儿。和往常一样又是不写论文的一天。

有时会想想老师给出的建议，认真思考一下自己的问题，依旧感觉没动力。虽然心怀愧疚，但依然我行我素。好像我已经偏执到宁愿忍受自责、焦虑、鄙视都不愿让自己开动脑筋去写论文的地步。

第三天

冥想五分钟，又是没写论文的一天。论文拖延已经固化成一种习惯了吗？为什么李老师的建议还是没有产生立竿见影的效果？是因为需要一个过程，是我没有认真实践，还是我已经无可救药？依旧在浏览碎片信息、无聊就找事做、吃东西缓解空虚，在琐事中蹉跎了一天。

第四天

冥想五分钟。今天没有写论文，照旧会为了一点充实感去完成一些家务。写论文成了一想起来就令我倍感压力、心情不好的事。我得刻意避着它，用其他的事来分散和转移注意力。长时间的拖延甚至已经不再让我感觉愧悔难当，焦虑不安。导师偶尔问起我的进度，我含糊其词，他也很忙便不再多问，只是一味宽容鼓励我尽快完成发给他。教研室的组会也是能请假就请假，我不想参加，不想听别人都在完成什么项目、发了什么论文。自己没有可以汇报的，想想就有压力，要尽量避开、避开。

晚上，我在家人面前大发脾气。本来我坚持"情绪稳定"半年多了，心想三十岁了该成熟了、坏脾气对下一代不好、研究生了该有研究生的样子……回家这几个月一直都尽力保持情绪平和，可是，终究还是在临行前爆发了。就像一个努力节食很久的人突然暴饮暴食，前功尽弃。我很不解：为什么父母不能多关心关心我，为什么我只能选择懂事和理解，为什么他们不能奢侈一次给我过一次生日？为什么他们只想着干活干活干活，三十年了还这样，我都自己供自己读研了还这样？心里满是怨气和不解，决定第二天就离家。我就是不想再去理解，再继续委屈自己了。

第五天

冥想五分钟。早上七点左右，我起床收拾行李，心里还是堵着气，虽然心底里我是不想走的，只是话都说出口了。收拾好东西，十点左右，我拉着行李箱，听妈妈在身后喊"饭做熟了"。我一言不发，头也不回地去坐车。我没回头看，不知道父母当时的表情，其实多希望妈妈可以拉住我、抱抱我，让我不要再假装坚强了。我强忍眼泪，一口气走到1.5公里外的上车点。半道上，爸爸开着车来送我，追着让我上车，我没有服软，自顾自走着。爸爸看拗不过我，就开车走了。

后来我明白，之所以那样离开，是因为我心里充满了畏惧，我害怕独自回学校面对随之而来的压力，我不想离开这个熟悉而自在的环境。我知道自己不该那样蠢，好后悔，后悔那样伤了最爱我的爸妈。

第六天

冥想五分钟。今天起得晚，吃了粥，做了卫生就去办公室学习。我依旧没有写论文，习惯性地优先完成除论文外的所有事，写了日记和这几天的反馈，又是虚度的一天。

第七天

冥想五分钟,八点多起床,一早上还是荒废了。午饭后,直到下午三点我总算克服了抗拒情绪,开始写论文,写到六点结束。总算有一点点进步了,稍感欣慰。

第八天

离家后第一次给爸爸回了电话,我不想再赌气了,把对自己的愤怒发泄在最爱我的人身上,这真的不可原谅。我跟爸妈道歉,像往常一样跟他们报平安、分享校园生活、关心他们的健康……

李松蔚老师,衷心感谢您的指导。也许我在执行环节没有认真做好,也许没有完全懂您的意思,我相信还需要一段时间才能效果初显。

您的回答让我正视内心的恐惧,意识到我有多懦弱爱逃避,慢慢也开始接受现实、悦纳自己——我只是一个穷乡僻壤来的孩子,读书少,没有远大的理想抱负,缺乏毅力。我是一个普通得不能再普通的普通人。

假若没有能力去最喜欢的城市工作生活,其实也不要紧,真的不要紧,也许这就是我所能到达的最高点。无论如何我苦苦支撑自己达到了当初心心念念的目标,也很庆幸自己看到了更高处的风景。虽然对过去那个勤奋上进的自己深感歉疚,但我真的累了,我很累了。

尽管用尽全力才到达一些人轻而易举的起点,那也不要紧。我也不想再逼迫自己勇攀更高峰。未来要好好爱自己,接纳自己,多给自己一点爱,认识自己的价值,承认自己的脆弱,明白自己的局限。好好生活!

复盘:

这个干预的方向和其他案例刚好相反——提问者原本没有将他的现状解释为"原生家庭",却被我硬生生"强加"了这样一个解释。

我认为这是他在这个阶段需要的叙事,因为他太责备自己了。他对自己不满意,同时他把全部的责任(指责)指向了自己。这种过度的责任感让人更绝望,因为找不到其他原因,"只能是因为我不够好"。这时候就要让他看到,"不是我的错",自己身上发生的一切都事出有因。

这是"原生家庭"叙事本来的用意,创造更多的安全、稳定、被接纳。但要把握分寸——承认成长经验的影响,不代表"什么都不做"。接受不能改变的,恰恰是为了改变能改变的:过好我们今后的人生。

改变的工具箱

● **课题分离**

这是阿德勒心理学强调的原则,在处理家庭问题时尤其适用。简单地说,就是要区分一个问题是谁的"课题"。谁的课题,谁负责解决。

区分的原则很简单:这个问题让谁感到困扰?谁困扰,就是谁的课题。

比如,子女决定了跟什么样的人结婚,如果子女想清楚了,就不困扰,因为这是他(她)的选择。可是父母不同意,他们担心这个对象不可靠,那么这件事就是父母的课题,只有他们为此感到困扰。按照课题分离原则,父母的课题父母自己解决,换句话说,子女并没有义务改变父母(当然更不用屈从)。

牢记这个原则,很多问题的处理就简单多了,尤其是原生家庭的纷扰,很多都是子女成年之后,抱怨得不到父母的支持:他们不理解自己选择的工作,不认同自己的伴侣,或者在生活观念上跟自己不合,由此又引发了童年时的很多委屈……遇到这些问题,要让做子女的人知道,重要的不是跟父母较劲,你只要按自己的想法，把自己的生活过好，就够了。至于父母怎么想——

"那不是你的课题。"

●目的论

我在《难以摆脱的否定声音》的评论中写道：假如有一件举手之劳的事始终做不到，除了解释为某种缺陷或障碍，另一种解释是，出于某种目的而特意"不去做"——这种叙事的思路，叫作"目的论"。

与目的论对应的叙事叫"原因论"。也就是遇到问题，先从过去找原因：因为曾经的某段经历，现在的我遇到了麻烦。我表现出了很多自己也不情愿的状态。在这种视角下，我是一个"受害者"。曾经发生的事情仿佛是一道横亘在面前的大山，除非付出超常的努力，否则无从翻越。

显然，这种叙事方式与"原生家庭"有很多天然的契合之处。

而目的论提出了另外一种解释。它认为一个人做一件事，并非受制于过去的因果，而是为了实现将来的某种目的。换句话说，它相信人永远具有主观的能动性。"如果你做不到，不是因为你不能，而是不想。"

这种叙事常常令人感到不舒服。虽然它是在某种意义上给人赋能，它更多地强调了人的主体性和改变的希望——只要能通过更恰当的方式达到目的，人们就不会再依赖"病态"的策略。它让那些陷入"受害者"叙事中的人看到，每个人都可以是自己的"责任人"。但我们也必须承认，"受害者"的身份提供了更多的保护和慰藉感，它们是不可或缺的疗愈元素："你没有做错什么，你只是一个受害者。"如果在这一点上没有足够多的安慰，目的论就显得过于冷酷。

相比于"哪种叙事是正确的"，我更关心"哪种叙事对人有帮助"。从这个角度看，目的论的价值在于增强人的主体意识，摆脱莫须有的"障碍"，增加改变的契机。但采用这种叙事的同时，一定要拿捏好轻重，避免伤害性的暗示："因为你可以按自己的意志去做每件事，你现在的不幸都是自找的。"——这并非目的论的阐释，这样的观点也无益于人。

● 积极赋义

运用目的论的视角理解一个人，至关重要的原则是将他的行为目的看作合乎情理的、值得尊重的。由此构建起的叙事逻辑，才有助于接受干预的人感受到被理解、被支持，而不是受到指责，甚至是"诛心"。

这在心理治疗中被称为"积极赋义"，它常常被用在治疗师一开始给出回应时。例如，在《无法填补的缺憾》当中，我把提问者发脾气解释为"用奇怪的方式思念父母"。这种建构带给当事人新奇的体验。一方面帮助他们找到一种新的视角接纳自己，另一方面他们也在无形中承认了自己的责任。合在一起，这种叙事方式传达了这样的信息："你比你自己认为的更有智慧"；"你没有错，同时我们还可以找到不同的方式实现你的目的"。

在使用积极赋义时，要让这些正面的意义建构被对方认同，首先干预者本人就要深信不疑。干预者必须做到表里如一。假如自己不这样想，仅仅是出于技术需要而"假装积极"，那么这种流于表面的积极并没有用。

● 观察任务

这是系统式心理治疗的干预技术。请当事人在未来的一段时间内，什么都不改变，照常生活，同时观察和记录问题是怎么发生的。

这个任务有一点"陷阱"的性质，它的悖论之处在于："什么都不改变"是做不到的。事实上，在布置这个任务的同时，已经注定了当事人不可能一模一样地重复过去的"问题"。哪怕一切照旧，只要当事人有意识地启动了观察，事情的性质就会有一些变化：首先，问题不再是"不知不觉"发生的，当事人必须保持自察；其次，问题的意义变了，它不再是当事人的某种灾难、错误，或是难以摆脱的厄运，反而变成了他需要去刻意营造的成果；最后，在问题发生之前，当事人会带着更多的好奇心去"期待"，而非只是事后懊恼和自责，不同的心态也会让问题的走向发生改变……

因此，常常有人在观察问题的过程中，发现问题的"体验"不一样了：变得更平淡、温和，不再像之前那样激烈或突兀。就像《在亲人面前最暴躁》里的提问者反馈的那样，她和家人的争吵可以很快停下来，不再朝更严重的方向演变。有些当事人获得了对问题的掌控感，他们说，如果不是为了完成观察，他们甚至可以不让问题——在他们的眼皮下——发生。

但观察任务并非对所有问题都适用。也有人发现它带来的变化不明显，问题还和之前一样。使用这项技术时，不宜抱有过高的期待。

● **仪式**

小孩子在达成一些重要约定时，不只会在口头上保证，还要跟你拉钩，伸出手指头"盖章"。这会让他们相信：整件事情是神圣的，有意义的。

这是仪式的力量。它在生活中是一套约定俗成的、流程化的宣言和动作，比单纯的语言更具有感染力。它常常被用作某种转变的契机。例如，办一场庄重的成人礼，会比单纯的说教更有助于青少年减少孩子气的行为。如果想表达对一个人的感激，做一面锦旗也会比口头的感谢更体现出心意。心理咨询中常常化用这些生活中的仪式，那些想对来访者传达的重要信息——不只是让他们"听到"，还要产生记忆和影响，使用仪式会事半功倍。

在《不敢反抗》《无法改变的身份》《为了告别的停留》里，我都请当事人在特定时间对着照片说话或冥想，这都是仪式的应用。

CHAPTER 3
工作与理想

工作是人生的一大部分。不只是为养家糊口，也不可避免地牵涉到"我是谁"以及"我希望过怎样的生活"。要想清楚这些问题相当不易。青少年时期缺失的自我认知这一课，往往要在工作中重修。

职场的价值之一就在于其现实性，它不太给幻想提供庇护的空间。身在职场，不可避免会收到现实的甚至是冷酷的反馈。你的回报取决于提供了多少被人认可的价值，自我感动没有太大意义。另一方面，职场又是自主的，在规则边界内，每个人都可以有适合自己的运作方式，不同的天赋、特性、价值偏好都可能被鼓励。年轻人在这里打磨，逐渐明白：我没法成为别人，幸好也不必成为别人。

这里有生活的参差百态：有人抗拒改变，也有人渴望变化；有人被看见，也有人恐惧被人看见；有人想停一停，也有人担心走得太慢……无论怎样的理想，都要在现实的打磨中一点点确认它的形状。现实是脚下的路，但这条路通向的远方，一定会是理想中的那个远方吗？

不确定，但只能往下走。

1. 迈不出第一步

问：

　　李老师，您好！我持续五六年的抑郁焦虑症好了，生活变得比较健康，脑子里自责的声音偶尔还会有，但也知道如何调整了。之前因为生病离开职场一两年，现在病好了，却非常恐惧回到职场。

　　可能我的抑郁焦虑和之前的工作也有点关系。之前做销售，我是个内向的人，时常觉得在工作中格格不入，不喜欢这份工作，每天行尸走肉一般，觉得工作没什么意义，后来辞职休养至今。

　　现在心里似乎还是想赶紧找工作的，行动上却一直拖延，总会找其他各种事情打岔。比如：本打算看完这本书就做简历，看完了书又决定看完这季综艺，看完综艺又决定看完这部电视剧再说……

　　我知道自己在逃避，只要一想起之前的高压工作环境就害怕，也担心会因为回到那个环境后旧病复发，但是转行也不知道该做什么。感觉自己的人生被卡在这里了。如果家境好，我可能也就无所谓了，大不了啃老，但我家境并不好，看着父母一天天老去，自己三十却不立……

　　或许我确实可以通过认知行为疗法，让自己不那么焦虑抑郁。但是如果我不解决生活中的实际问题，只是解决了情绪问题，会不会到了某个临界点又复发呢？

答：

你好，首先恭喜你的康复！

虽然病好了，但在进入工作之前，你还需要增加一些自我效能。当你真的开始为找工作行动时，效能感就会增加。只是有个麻烦，做这些事的同时，你又会被"回到职场"的前景吓倒。那个恐惧会打消你做事的动力。

结果，这第一步就迟迟迈不出去。

怎么样才能迈出第一步呢？办法很简单，只要同时满足上面两个条件：你要一边通过行动带来效能感，一边不让自己真的"找到工作"。

具体来说，就是这周我给你的任务：

请你每天花一点时间做简历（这会增加你的效能感），每天半小时上下就可以，不要超过一小时。无论做成什么样，完成后立刻把它删掉（这样你就不会真的找到工作了）。每天重复一遍这个任务。

七天后，反馈一下这个过程中的体验。

反馈：

李老师好！刚看到您回复的建议时，内心十分诧异，心想：啊？做简历再删掉，这是什么鬼？

又仔细看了一遍，反正您说"不让自己找到工作"，只是做简历好像也不太难吧。我还给自己定了闹钟，就做半个小时简历，一分钟我也不想多。倒计时开始，我就开始做了。

简历中最难写的是过往工作经历，让我一个头两个大，不知道该怎么写，但又想起您说"无论做成什么样，完成后立刻把它删掉"，想想反正都是要删的，随便做做得了。闹钟响起，我做了一份不太像样的简历，到了要删的时候就开始纠结了，真的要删吗？想想过去几个月我想做简历但没做成，现在好不容易做了半份，虽然不完整，但也是我的心血啊！后来我想起来电脑不也有回收站吗，大不了之后再找回来，嘿嘿嘿……

接下来的几天，我的回收站总共有五份残缺不全的简历。

这几天做简历，我总结了以下几个趋势：

1. 我做简历的时间越来越长。第一天真的是闹钟响了我就不做了，但后面几天我会做完正在做的部分再停。

2. 虽然我每天都是从一张白纸开始做，但脑子里其实还大概记得昨天做过的内容，所以总的来说，做简历的进度条是在往前推进的，最后一份简历已经做得八九不离十了。

3. 我的工作经历实在没什么说得上的地方，但还是得硬着头皮找出一丝丝出彩的东西写上去。梳理工作经历的这个过程也让我重新看到了过去自己也有些做得还不错的地方，虽然没有别人那么优秀，但再小的成就也是成就吧。

明天打算把五份简历从回收站捡回来，凑一凑修改下，应该可以做出一份完整的简历了（撒花）。但我知道这才是第一步，我还是会恐惧，我会担心工作经历不够好，担心到了育龄未婚未育会被拒之门外，更担心因病裸辞空窗两年面试时不知该如何说……或许我可以继续用李老师的方法？比如投出简历但不接面试电话，写完自我介绍再删掉，面试时暗下决心通过面试也拒绝掉offer（也得先有offer啊，挠头）……哈哈，这都什么歪门邪道，也不知道接下来会怎么样，祝我好运吧！

复盘：

　　谈到对工作的恐惧，很多人都把"克服恐惧"看成目标，我认为不必。恐惧只是一种情绪，而工作表现更多取决于行为。一个人带着恐惧这种情绪，照样可以采取行动。归根到底，做了什么是第一位的。

　　这个干预最有趣的地方在于，做事甚至不必产生"实际"的结果，行动本身就会开启"向上螺旋"。最初的行动一旦被激活，身体自然会越来越有力量，做的事也越来越多。就像是在滚雪球，从最初的一小点开始，一圈圈越滚越大。关键在于启动。

　　很多人不想做事，找借口说："如果只能做一点点，有什么用？"现在看到了：做完就删掉也没关系。

　　恐惧的人，先从"做点没用的事"的行动开始吧！

2. 一周只有一天想干活

问：

李老师好。我是一名研一的学生。从今年寒假开始，我变得非常懈怠。具体表现为对眼前问题的恐惧和逃避，不去尝试解决问题，无法相信自己拥有解决这些问题的能力。我好像太久没有做成功过一件事了，觉得自己做什么都会搞砸，都做不出来，久而久之，我厌了。什么都不敢去做，也懒得做了。

老师交给我的科研任务，在我看来就像一座大山，重重地压在我肩上。我逃避思考，不去行动，宁愿每天去做各种家务、做运动、做一切和学习无关的事，也不愿意打开电脑看论文。

然而每周都要在组会上报告这一周的工作，于是我陷入了无限循环的焦虑之中。每周五组会结束之后，我都如释重负，这时候我会看剧玩手机追综艺。而到了周一，我又开始为下一次的组会焦虑，但我不会做出任何行动。焦虑促使我不停地刷手机，其实我也并不是有多爱玩手机，只是一放下手机，那种无穷无尽的焦虑感便会袭来。直到周四，我会硬着头皮做一些任务相关的工作。周五早上早起，临时抱佛脚，企图拿一天的工作量混过这次组会。组会结束后，又进入新一轮的循环。

这种状态并不是最近一年才出现的，只是最近这半年因为疫情没法回学校，少了那种学习氛围，我的惰性变得更加明显。

我似乎缺少一种驱动力,从小学到高中,一直都是为了考一个好大学去拼命学习。到了大学,只是为了修满学分。到了研究生,我就有些不知所措了,整个人就像泄了气的皮球,不知道该为什么而努力。

我知道我想找个好工作,有一份不错的收入,给我爸妈更好的生活。但这些并不足以驱使现在的我去行动,我想找到更加切实有效的动力。

答:

你需要接受这一点:你在这个阶段,只能拿出 1/7 的时间和精力,也就是一周只有一天做科研。

无论你有多么不想接受,这都是现实。

这没什么。世界上很多研究生都不能全心全意地做科研。有的在勤工俭学,有的在实习,有的在忙别的事,还有人说不定是健康原因。

你要接受自己本质上属于这样一类人,也许你就没那么焦虑了。然后请你做两件事:第一,把这 1/7 的时间充分利用好,效率最大化(这一点,我估计你已经在做了);第二,剩下的六天尽情做其他事。如果确实想玩手机就玩。但你说你也不是有多爱玩手机,只是为了应对焦虑才这么做。那么在你不焦虑的时候,你更想做什么呢?让我们拭目以待。

总之,试着度过这样一周:一开始就认定只能拿出 1/7 的时间做科研,剩下六天完全属于你。请你一周之后反馈给我,过得怎么样。

反馈：

老师好，这一周我尝试着跟自己说前六天是完全属于我自己的，我想干什么就干什么。

我发现焦虑的时间变少了，绝大多数时间我很开心。我开始学围棋，早晨背背单词，看了我很久之前就想看的电影，写写影评，看了我一直想看的书，中午安心睡个午觉，睡醒后运动一下。其实还是会玩手机，只是不再像从前那样焦虑地打开微博热搜知乎热榜一遍又一遍地刷新，点进去又退出，现在只看我感兴趣的。

也开始把自己最近的一些笔记整理了一下，慢慢地想看看论文了，我就看一看，也不逼自己一定要看多少。这几天多多少少做了一点点科研相关的事情。但是很遗憾，周四那一天我并没有让效率最大化。

我现在最大的改变就是焦虑感少了很多，觉得做任务也没那么讨厌，尽量不去把科研看成一件痛苦的事，因为我觉得和一个东西对抗，需要耗费的精力远远大于处理它本身。也不是很想去刷手机了。放下手机后，不会再有被繁杂的信息裹挟着的感觉。我好像又可以慢慢掌控自己了。

改变很微弱，但我看到它了，我想让它变得更显著。勇敢一点，再往前迈一步，一小步就好。

3. 越失败，越努力，越恐惧

问：

我想请教，怎么克服自己的习得性无助？

我学的是理工科专业，有一定的难度。我在本科的时候没有认真学习，睡了太多的觉，于是挂了很多科，考前一晚复习根本什么都看不懂。这让我很有挫败感，对我的专业、对自己的能力都不再自信。

考研的时候，我每天复习都在摸鱼和恐惧中度过。不敢认真看书，总是觉得自己学不会，稍微遇到难一点的东西，就无比恐慌，根本不能冷静地学习。到后来，我甚至连图书馆都不敢去，每天躺在宿舍里恐慌地刷手机。我实在太害怕了。

我认为自己克服不了恐惧，但是之所以这么纠结，是因为我觉得自己从客观来讲，抛去各种恐惧因素，是能学会的。我也想继续学习本行业，想再次考研提升自己，但是这些专业课看着就让我头皮发麻。希望能得到您的帮助，找到克服困难、克服恐惧的办法。

答：

你好，我想你一定是很聪明的人。普通人会承认自己的天花板，面对有难度的专业，根本懒得想那么多，直接躺平认命："太难了，我还是选择轻松一点的人生吧。"而你也遇到了困难，但你仍然有信心：只要克服恐惧，我就能搞定它。

但是怎么说呢，你对自己能力的信心也带来了一点麻烦。麻烦在于，你不能让自己安于普通人的人生。所以考研失利后，你把"安于另一种人生"等同于"失败"，你必须让自己过不好，才有动力继续证明自己。但你现在越是过得不好，它就越是让你恐惧，破坏了你的努力。

所以，这里就有一个悖论：如果你想尽全力证明自己一次，你就必须先安于当下的生活。

我给你的建议就是如此：请你先以"不上研究生"为前提，把当下的生活过好。这是一盘大棋，为了更好的考研心态。你可以每天暗暗地复习，但不要再寄托"改变人生"那么大的压力。这只是用来自我证明的游戏，轻装上阵才好。等到有一天，你的生活足够满意了，不觉得非上研究生不可了，你的心态才算是准备好。那时候，你才最有可能一战功成。

请你在未来一周计划一下，接下来要怎么做，才能做到"不上研究生也活得很好"？作为参考，可以学习一下身边那些没上过研究生的人，他们活得好的地方你都可以照搬。你只要心里知道，你跟他们不同就好了。

请用一周时间做计划，再给我反馈。

反馈：

抱歉这是一份迟到的反馈。

在观察了我的同学朋友之后，我发现如果放弃考研的话，剩下的道路就只剩下找工作了。我之前确实也投了很多简历，但是最后的面试都没有去，总是想着不去也无所谓，反正我最后要准备考研。

就这样逃避自己的生活。过多的思考和犹豫，让我没有勇气做出哪怕是一件很小的事，例如去参加面试，就是我一直没能迈出的一步。

在看到李老师的建议后，我又搜了一下自己想要做的工作，然后投出了一份简历。在此之后，我成功发送了一份自己的面试视频。这看起来像是非常简单的事情，但对我来说很不容易。投出自己的面试视频，我开心得在屋子里手舞足蹈，像一个两百斤的孩子。

做完之后感觉这也没什么。恐惧在敲门，勇气打开门，门外什么都没有。虽然最后依旧没有被该公司录取，但是还是让我有了一点点的成就感。

今天和一个已经工作的朋友聊天，了解了一些情况。她描述自己租房子、开始工作之后的生活，她的状态我觉得也很不错。自己租房子自己生活，让还没出学校的我感到新奇和羡慕。虽然有对打工的抱怨，但这也是另一种活法。

非常感谢李老师提供这个方法，好像因为看到了朋友们具体工作的状态，所以我曾经虚无缥缈的对考研失败的恐惧，变得具象了起来。这让我发现，如果我失败了，等着我的也没什么嘛。

虽然我仍旧不知道我是要接着考研还是工作，但是我知道了，如果我失败了，另一条道路也是可以接受的。

复盘：

"恐惧在敲门，勇气打开门，门外什么都没有。"

这个句子让我印象深刻。

我很喜欢这位提问者的尝试。现在有一种流行的信念说，成功需要"背水一战"。认为人只有在无路可退的时候才会爆发潜能，甚至于"思考退路"本身都会被当成一种懦弱。我认为这个观念要辩证地看，有一些绝境会激发人的勇气，另一些绝境则让人陷入恐慌，反而没法集中在自己要做的事情上。在这种情况下，思考退路是一种更积极和勇敢的策略。

多条路不一定是逃避，认定"只有一条路"，也有可能是一种逃避。

4. 不想加班，我该辞职吗？

问：

　　我最近有个很大的困扰，就是"什么时候辞职"。

　　现在的工作是我毕业后的第一份工作，是我自己选的。因为觉得工作内容轻松又有趣，所以选择性地忽视了一些缺点（工资少、硬性加班、上升空间小）。但是当工作的新鲜劲过去之后，缺点（尤其是加班）就突显出来了。我其实就想过自己的小日子，糊糊口就行了，想多照顾家里一些，不想工作影响到正常生活。但公司文化偏偏是鼓励加班的，在硬性加班时间过后，同事们的屁股还粘在凳子上不肯走，让我一度怀疑他们是不是得了"不记得下班时间"的病。我一开始都是准点走的，后来被上级暗示几次后，虽然憋着一肚子气，但也做出了一点妥协（下班后玩十分钟手机再走）。

　　我觉得我肯定不会在这家公司长待的，但是什么时候辞职呢？老板又在开会倡导加班的时候，我就恨不得把辞职信摔他脸上。但工作顺利时，又想这份工作除了加班也没啥不能忍受的缺点，要是换工作说不定比这个还差，不如再干两天。而且我超级讨厌面试。

　　虽然家人都支持我换工作，但我从来没有打开招聘软件搜过工作信息，从来都是哭哭啼啼说自己要辞职，第二天又骂骂咧咧地去上班。有时候还很想家里蹲，又觉得，没有工作的约束我肯定会把生活过得很颓废，但又真的很想当咸鱼。世界之大，就没有一条咸鱼能开心玩耍的地方吗？

答：

我有一个建议，可能会帮你厘清决策的思绪。但是要辛苦一下你的家人，请他们配合一下哈。

给你和每个家人都发一张纸，列有如下问题。请他们简单回答：

---

1. 你希望××（你的名字）以后回家更早一点还是更晚一点？
2. 如果××以后每天准时下班，你最希望她几点到家？或者你是否希望她一整天都在家里？
3. 你最希望××工作以外的时间用来做什么？
4. 如果××以后每天都在单位加班，你能接受她最晚加班到几点？还是多晚你都接受？
5. 为了支持××加班，你最多愿意付出什么？

答案不用太长，但要尽量具体，也就是自己写出明确的期望。哪怕是"不支持"，"什么都不想做"也好。但不能没有态度，像是"我都听她的""她想做什么就做什么，我都行"。必须看到那个人自己的需求。

请在一周内收集所有家人的回答（包括你自己的）。看完回答，再看看有没有新的想法。请反馈给我，这些想法如何推动了你的决定？

反馈：

写下这个不大不小的烦恼之后，虽然没有什么回音，我内心对于回音也不抱什么期待，但是我的工作状态居然变好了——我衡量工作状态的标准是看早上几点到公司：如果踩点到，那多半对最近的工作有所抵触；到得早，说明对工作的好奇心、期待和热情还没耗尽。

这一状态一直持续到昨天，早上老板找我单独谈话，谈了一上午，谈话主题是要为公司多付出，要多向其他部门加班的同事学习，诸如此类。虽然我脸上不得不保持微笑，但感觉"工作不能影响正常生活"的底线被踩，我整个人都炸了。与家人一通吐槽后，定好了后续半年的计划，包括什么时候辞职、辞职之后做什么、什么时候找工作。

虽然决定了辞职，但内心仍然动荡伤感，乱糟糟的，毕竟这是我的第一份工作，也是我第一次准备离职。第二天早上就看到了李老师的回复，仿佛拿到了一个线头，有了些许头绪，做起来也很简单，唰唰就写完了，又督促着家人按要求好好回答（哈哈哈，就是这么霸道）。

答题很简单，从大家的答案中看到他们各自想要什么也很简单，但弄明白这些简单的问题后，我却有些糊涂了，本想好好沉淀两天再给反馈，但觉得也许现在的糊涂也是一种反馈。

先说大家的回答，我的爸爸、妈妈、男友以及我自己，都希望我的工作朝九晚五，晚上早点回家，工作之余做自己感兴趣的事。除此之外，妈妈希望我有时间了多陪陪她，爸爸希望我有时间有能力了和他一起搞事业，男友希望他到家能吃到我做的热腾腾的晚饭。

问题很清楚，答案也很清楚，但是反而好像凸现出了那些模糊的东西。我现在还不知道那些东西是什么，对那些东西的思考是否能得出结果，这结果又会将我引向何方。

返回去看家人的回答，大家的需求都很明确，无论是陪伴、共事还是做饭，都可以说是很明确的目标。唯独我自己，写了一堆最近因为"没空余时间"稍稍耽搁了的事外，似乎也没什么别的。而那些耽搁的事，即使有加班，最终我也会慢慢做掉的，只不过质和量上稍差罢了。那个毕业前逼得我喘不过气的问题，现在似乎以一个更温和的姿态站在了我面前：你想成为一个什么样的人？你的人生想要做什么？你能成为什么样的人？这都是很大很虚的问题，所以我无论是当时还是现在，都选择了走一步看一步。

近几年，我似乎都在努力做好一条咸鱼。我真的不确定，我是放弃梦想变成了咸鱼，还是本就是咸鱼，只是伪装成了猫，现在正在回归我的本真。我似乎还有一些热情和力量，做咸鱼也许是避免这些热情和力量受挫的借口，也有可能是我更愿意把这些热情用到事业以外的地方。

家人的回答都是不希望我加班。但我知道自己的极限，或者说底线在哪里：可以不定期加班，但每天不超过两小时。为此，我愿意给自己准备一点小零食和早餐，做好个人内务，早点休息——照顾好自己。

这是我今天的一点点想法，有些絮叨，权当是反馈了。

复盘：

在我的公众号后台，不止一位读者评论我的这个问答系列说："（提问者）光是把问题写下来、理清楚，就好了一大半。"

真是如此！哪有谁真的能替人解决问题，都是提问者自己解决的。

关于"要不要辞职/转岗/换行业"这样的提问，我收到过很多。这些问题我当然没有答案。就像这位提问者的困惑，最终也只能靠自己回答，我要做的只是推一把，推动她思考，和家人商量，或者索性试一试。

虽然每个人的答案都可能不同，也有些共性的原则想讲一讲：

最重要的，就是不要重复已经做过的思考。总在相同的思路中绕圈子，人就没法获得新鲜的想法，问题就仍然得不到答案。想办法引入一点新的信息，也就是说，要做一些之前从来没做过的事。在这里，听听家人的想法就是一个尝试。当然了，像提问者一样直接辞职，是一次更大胆的实验。

我说"实验"，因为这不是一辈子的决定。很多人拿不定主意，是太想要一个"最终"的答案。但哪里能找到这样的答案呢？可能今年这样想，明年的想法又不一样。每一次都只是阶段性的尝试。先试，试了才会有结果，时间自然会告诉我们对不对。放轻松，不对就改嘛。

所以尝试的另一个前提是安全。多准备一些试错的成本。

最后，不妨问问家人的意见。有人说，做什么工作是个人的事，为什么要听别人的？很简单：因为我们也只是听听而已。不意味着我们必须遵从他们的意志。但不能否认,我们舒适的人生,多少也有其他人的参与。

两年后的第二份反馈:

因为听说这个系列要出书了,我来补充一下我的现状。这是2019年的干预和反馈,不知不觉,时间竟然已经过了那么久。

现在回去看当时的文字,感觉两年前的那个小姑娘真是纯真又热情呢,对于自己目前的生活、自己未来的人生,有很多思考和期待。表面上做出一副咸鱼样,其实认真得不行。

辞职之后,我在家蹲了几个月,过得相当颓废。后来我爸看不下去,把我捞回老家,以"给老爸帮帮忙"的名义安排了一份工作。因为是给别人帮忙,所以我毫无负担地就开始干了。干了一段时间后老爸提出了更高的要求,我一想说得也有道理,谁会和钱过不去呢?为了未来赚更多的钱,我在这份工作上投入了更多,然后老爸又给了我一些"好心的指导"……就这样几个循环之后,我发现我已经站在贼船上,不想下来了。

这份工作好像真的很符合当时调查问卷的结果。在离家非常近的地方(有时候甚至能在家办公),能多陪陪老妈,也在某种程度上和老爸一起共事,工作量没有之前那么大。工作时间8:00~17:00,相当规律。下班铃打了之后,办公室里的同事嗖的一下就没影了,跑得比我还快,简直惊呆了。下班之后,我有充足的时间和家人相处,可以自愿加班学习,做一些工作上的提升。甚至业余还有了一个爱好,画画。神奇的变化发生了,而原因仅仅是换了个环境,不得不感叹人的可塑性。

所以,我现在渐渐原谅了之前持续许多年的那个咸鱼又迷茫的自己，因为现在我觉得，这不仅仅是自己的意志力的问题。自己所处的环境如何、社会支持系统如何、当时的心智和阅历，都是很重要的变量。有时候无心工作，并不是我做错了什么，也许只是那天的天气太闷了。

当然新工作也不是哪里都好啊，比如工作内容是我之前几乎没有接触，也不感兴趣的。刚做这份工作的时候，内心的阻力非常大。另外，以我目前所做的事情来说，我并不是无可替代的，还需要在不断的学习中培养自己的核心竞争力。还有我可怜的老公（两年过去，他从男友升级成老公了），并没有实现回家就吃上我做的热腾腾的饭菜的梦想。现在是我每天拿着筷子、流着口水等他做好饭给我吃（他真是太惨了）。

总之，这么一折腾之后，我更加了解自己了。我两年前的处境和初中时其实很像，全新的城市、全新的人际环境、全新的领域、独立生活。初中时我强迫自己适应环境，从里到外（精神上的）把自己硬拗着改造了一遍，让我获得了世俗意义上的成功，考上了好大学，但内心一直觉得很不对劲。我并不想成为一个工作狂，我希望工作之余有自己的生活，我相信努力工作和享受生活并不是非此即彼的，我现在以及将来都会努力平衡的。

不多说了，毕竟工作日，摸鱼摸一会儿就好了。

5. 恐惧权威

问：

松蔚老师，您好！

我一直以来的困扰是，非常在意权威人士对我的评价，并且把这个评价与自己的价值感画等号。比如我很在意公司里领导的看法。

这对我有几个方面的影响：

1. 我积极追求把事情做好，以求得到好的评价，总是力求完美，没法敷衍，也不能容忍自己做出不像样的工作成果。如果工作上有瑕疵，心里也会很难过。

2. 我会回避与领导的沟通和交流。我害怕从对方那里获得任何不好的反馈，因此我会保持距离，回避沟通。有时对方已经努力展示善意和亲近了，我仍然会因为恐惧而拒人于千里之外。

3. 过度敏感，对方的任何举动行为都容易被我解读成他看重我或轻视我的证明。如果领导对我同事更好一点，或者长辈对我表姐更关心一些，我都会陷入自责并感到被抛弃："你看你就是这么糟糕，不会有人真心对你好。他们平日只是出于客气/好心/你好用，所以对你看起来还不错，现在你知道谁才是他们重视/喜欢的人了吧！"然后陷入一种被抛弃的感觉，非常绝望。当然，有时候对方对我关心，表达出重视的意思，当下我相信自己是被关心、被重视的时候，我会感觉到满足，什么困难也不怕，身处黑夜里也会开心有星星。

我觉得这个机制已经影响到我的生活与心情了，理智上我知道领导的重视是真的，也知道领导重视我的程度随时会发生变化。但是我好像只能接受前者，对后者觉得恐慌、害怕，并进而否认前者。

我希望我不要那么依赖别人的评价过活。

答：

你好。我绞尽脑汁想安慰你，但你说的概率确实存在：你在他们眼中的确可能很糟糕，他们只是出于客气/好心/你好用，表面上对你还不错。

这么不受权威待见，你的生活确实会很辛苦。

我想，更值得考虑的问题不是摆脱对他们评价的依赖，而是作为一个这样的人，你要如何活下来？活在这个权威当道的世界，让他们看不惯你的同时也离不开你。比如努力干活，靠边站，不出错，和他们保持井水不犯河水的距离……

请你在未来七天，从最有可能讨厌你的权威开始，每天针对一个权威，写一套在他身边保持安全的应对策略。也就是，作为被他讨厌的人，你要如何谨言慎行地活下去？

你这么担心，一定有很多话可写。先写七天试试看。

反馈：

松蔚老师，谢谢您的回复。这个建议很有趣，开启了我新的思考角度。评论提供的视角和想法也很有意思。我的第一反应当然是坚决执行啦。

第一、第二天还好，勉强写了一点，大概就是要表达自己会更周到、更温顺、更用心让人信赖之类。

第三天我就不想写了，因为我根本就没法做这样的行动，也不想变成这样的人。主要是"让别人离不开我"这个思路想着想着，就变成完全要把对方的感受、要求放在首位去实现。这让我压力很大，非常抗拒。这里我遇到了"做自己"和"满足别人期待"的冲突。这个冲突已经发生很多次，我最后都是选择做自己，然后陷入不能满足别人的遗憾和自责中。

"那你到底想怎样？你是希望大家都真心喜欢你，工作上资源都朝你倾斜，而你什么都不愿意付出，不为别人考虑，还要得理所当然？你是觉得世界要围着你转吗？"某次聊天时，朋友这样吐槽我。

但我就是做不到啊，于是我就没有写了。

但是这个思路还在我的脑中自动运转。事实上，"感觉自己被讨厌、不会被好好对待"更像是童年成长经验带来的信念。比如说现在我老是怀疑别人对我好是"别有用心"，而当别人对我的"好"不够稳定的时候，就会引发我的恐慌，因为我把它作为判断自我价值的标准，可能会抓住每一个证据来证明自己很糟糕。

松蔚老师说要思考怎样让人家看不惯我又离不开我，因为我想到的都是我不愿意去做的，所以我变换了思路，去思考：我过去做了什么，才得到了那些好的资源？除了我个人的表现外，还有职场人员变动、形势变化的原因。这其中，我个人的表现是自己可以控制的，其他的我都难以控制。也就是说，我现在得到的，有一部分就是运气的因素。

这个理解让我一定程度上缓解了"我得到的=我的自我价值"这个判断的焦虑。焦虑有所缓解，对别人的评价敏感度下降。这也算一个小进步。

本来我打算就这样交作业的。但周末读书正好读到我欣赏的一个人对待关系的态度："你和同事之间、朋友之间等，与人为善非常重要，没有恶意非常重要。你无论做什么事，都要采取多赢的方式。"突然在这里得到了灵感。之前松蔚老师也强调关系中要对别人有用，对方其实不太关注你是一个怎样的人，而是关注你对他有用的部分。

我终于想明白了：关系中重要的是双赢。我之前总是兢兢业业地做好工作，生怕得到不好的评价。这个心态完全可以转化为：我希望在工作上可以帮助到领导，因为我也需要领导的支持。

怀着这个念头，如果工作中得到了不好的评价，我也能接受并且去改善，因为我的目的是创造价值。如果工作做得不好，并不意味着我是一个糟糕的人。其他关系也可以依此类推。我发现，在关系中我愿意不把目光专注放在自己身上，而是有余力可以去关心对方了。

复盘：

一个黑色想象的实验。

所谓的"在意别人看法"，并不是真的在应对不招人喜欢这件事，而是陷入了对"万一"的纠结。这时候从道理上否认是没有用的："人家说不定不讨厌你。""可是万一呢？"不如索性直面最坏的可能——你害怕的事就是真的，别人就是讨厌你，然后呢？乍一看，这种想法更让人绝望。但就像是触底反弹，一个人直面这种绝望之后，反倒有能力处理了。

在这次实验里，提问者逃避了很多年的东西，只要一周就可以应对。

比起问题本身，更可怕的往往是"逃避"。

6. 做一份抵触的工作

问：

李老师您好，最近一直有一个困惑，也许很多想做销售的人都有。您应该知道大概我要问什么了吧，就是给陌生客户打电话。

其实也不是一直都这样跨不出去，以前没有正式了解销售这个职位的时候，我还可以打电话，就是有事说事，直奔主题，被拒绝也没太大影响。但是后来了解到，直奔主题的做法可能不太适合我们这个行业，得跟客户慢慢建立持续长久的联络——这个我是同意的，但是这也导致我后来不知道该如何开展业务。好像很抵触"事实是带有极强的目的性，但表面又装作要跟别人做朋友"这样的操作。

感觉自己很虚伪，我不喜欢这样的自己。

还有一点是，我确实不太喜欢跟人聊家长里短。我喜欢交能在思想层面沟通的朋友，所以这更导致我很难继续跟陌生客户打电话。

有时觉得自己想太多导致无法拿起电话，有时又觉得打个电话有什么大不了，还是无知无畏比较好一点，但现在已经做不到无知了……

答：

我理解这个问题的本质是：你很抵触销售行业的常规业务方式，同时你又留在了这个行业。

我估计身边也有人问过你吧："既然这么抵触，为什么不离开这里呢？"我不知道你是怎么回答的，但我想，留在一个你怀有强烈抵触心情的行业里，这个选择一定也是具有某种好处的。

我能想到的一个理由是："我不用主流的方式，我有自己的一套，但我的业绩还不错，保持抵触心情有助于我觉得自己跟别人不一样。"

另外一个理由也许是："赚钱多。"

还可能会有哪些理由呢？请你在接下来的七天内，列出十条好处，总结一下你留在这个自己"抵触"的行业里得到了什么。列出来之后告诉我，这让你开展业务更顺利了一些，还是更难了一些？

反馈：

能收到您的回复太惊喜了，感恩感恩！

留在这个公司，其实是因为我的一个孩子是特殊儿童，另一个还太小，老板是我的邻居，很体谅我，给我一定的自由，让我可以照顾好家庭，也有自己的时间工作赚点钱。所以一直留在这里，是我无奈的（也是最好的、唯一的）选择。想做好工作感恩老板，也叫相互成就吧。

在看到您的回复之前，我有一段时间情绪很低落。跟老板沟通说我做不好走了算了，老板说没有给我压力，也不希望我走。

我也不可能跟老板来硬的，毕竟工作之外，他对我也有恩，所以继续留在这里。我跟老板说："一切听你的，你叫我做什么就做什么，叫我怎么做就怎么做。"把这个"权"交出去以后，真的感觉轻松了很多，不用一想到工资少就自我怀疑、自我贬低。我让老板给我找点书和资料学一下，老板欣然同意。

看到您的回复后，您让我列出十条好处我也列出来了，列完，再次感觉轻松很多了。确定了我必须、一定得留在这里坚持做，没有更好的选择，因为只有这个选择那我也认命好了。

认命后不仅工作感觉轻松，连生活也轻松很多。没有选择的选择也没什么可后悔的，坦然接受，也不会有什么压力。这也让我发现，我不喜欢"压力"这个词，我更喜欢"动力"这个词。比如我喜欢"销售做得好，钱会来得快"，讨厌"如果做不好，就会穷"。所以，我不去想未来能不能做得好，也不去想未来能不能出差维护客户（虽然没法出差是客观原因）。

我只想当下我能做点什么（比如网聊、朋友圈发广告），这样我觉得我可以当下就动起来，动起来之后感觉更充实。既然我喜欢动力，那就用正面的词汇调动自己的积极性和好心态。

打电话就打电话，跟其他的没有什么关系，不想太多，不用想客户会有何反应，放松随意，兵来将挡水来土掩。动力、放松，真是好词！

感谢李老师，有变化和感想我再反馈给您。

7. 这个年纪该有的样子

问:

我今年二十六岁,常常会困扰自己到底有多少价值。

会想这个问题大概是因为心里有一个更好的"我"吧。那个"我"是工作出色、家庭美满、做事高效的。

与理想的"我"相比,现在的自己像一摊泥。

我工作三年,存款十万,也结婚了,实现了自己状态最差的时候写下来的目标。但还是会去想,自己现在值多少,做到了二十六岁应该有的样子了吗?

如果有一个删除键,我想要删掉这个沉重的问题,让大脑轻松,让自己喘气。说不定替代胡思乱想的,就是些提高工作效率的好点子呢。

再次谢谢您!

答:

我觉得价值这事很重要,值得想一想。

"想"作为一个仪式也很重要,用来激发工作动力。不是每个人工作三年,二十六岁的时候,都能实现你这些成就的。你能做成这样,多多少少也跟你老是"想"着这些事有关。吾日三省吾身,有好处。

但是过犹不及，"想"的时间太长也会有负担。我的建议是划分一个专门时段，比如在做重要事情之前，先有这么一个"想"的仪式，一小段时间就好，就像古时候的焚香沐浴，给自己提振精神。

用计时器设定时间，然后使劲想："自己现在值多少，做到了二十六岁应该有的样子了吗？"

计时器响，停下来，专心做事。

至于一次仪式多长时间，我没把握。不妨先定为一次二十六分钟。你根据每天情况灵活调整，如果仪式之后还是控制不住地想，第二天就延长仪式的时间。反过来，如果没有那么多可想的了，第二天再缩短。

请坚持七天，告诉我这样做的效果。

反馈：

李老师，您好！

我真的想法非常多，我的家人和朋友也总是告诉我要少想一点。所以看到您说想一想也重要的时候，我感到舒服。毕竟如果能做到不想，我早就不想了。

以下是我在这七天里的实践过程：

第一天

我计时二十六分钟来想价值的问题，实际一共想了五十七分钟。

早上七点起床以后，我开始想自己工作以来做过的事情。今年其实不算失败了，我有本职工作，做了两份简单的兼职，一共存了五万元。报了想学的兴趣班，拿到了驾照，也考了一个工作上需要的证书。

有趣的是，想完以后，我开始整理书架，找到了自己在2016年写下的梦想清单，第一页上写的梦想是存下来买房基金的四十万。在双方家人的支持下，这个曾经看起来遥不可及的目标后来真的实现了。

接下来的时间我完成了公众号的文章朗读，做完兼职，改了PPT，做了一章明年考试的习题，晚上参加一份兼职的电话面试，顺利通过，开心得一直到二十三点才睡觉。

第二天

我计时二十六分钟来想，实际用时二十三分钟。

其实从写下问题邮件的那一时刻，我就感觉自己对价值的焦虑有所减轻，因为知道自己在寻求帮助，也猜想会得到帮助。

今天做了一章考试题，完成兼职，学习了一个小时，好好地吃了饭，睡了午觉，晚上要开始上班了。今天做的事情比较少，因为颈椎和右肩痛得太厉害。在身体难受时，我不太会注意心里的不适。比起自我价值，我真的应该关注一下自己久坐带来的健康问题了。

第三天

我计时二十六分钟，实际用时二十分钟。因为有检查，从早上开始就在工作，准备材料。刚刚写了一道考试题，完成兼职以后打算好好睡觉。

第四天

没有计时来思考价值的问题。

今天胃痛很严重,吃完止疼药才勉强完成下午的工作。

我知道了自己焦虑的来源,是下周的工作汇报和考试成绩查询。

我继续修改了PPT,登录了一次官网,去查还没有公布的考试成绩。还有因为断网,我无法去完成考试练习题。

今天的任务较少,完成兼职以后我就打算睡觉了。

第五天

我计时二十六分钟,实际用时二十分钟。

今天工作上的任务也很多,完成工作以后我静下来想。当我开始计时,"想"这件事就成了一个任务,成为任务以后我就希望它快点结束了。

第六天

我计时二十六分钟,实际用时二十四分钟。

第七天

我没有计时来思考这个问题。

思考自己的价值,只是用来逃避现实的方式。只要正视现实,我就得一一数出自己不够好的地方。

价值这个问题我应该还是会想,不是通过关注自己,而要通过外界的东西来勾勒自己的形状。

不要过得太拧巴,就去提高自己工作的专业技能,去和其他同龄人竞争，让自己在未来十年去到想工作的单位工作。朝向这个方向就好。

再次感谢李老师的帮助。

8. 我是普通人，但我不甘心

问：

今年我已经是第二次考研，但是依然失败了。我已经二十八岁了。看着曾经和我在一个水平上的同学读研毕业，在省会城市工作，或者在大学做教师，或者结婚生子，而我还在大城市飘着，没地位、没钱，也没归宿。深深地感觉自己是个彻头彻尾的失败者。

这么长时间过去了，我也慢慢逼自己接受自己是个普通得不能再普通的人，告诉自己曾经的成绩不等于现在，也告诉自己脱下校服，每个人都要为自己的家庭和经历买单。但我还是不能接受，我怎么这么失败？

以前我爸总是说，小时候我家来过一个会算命的人，那个人说我长大后会很厉害。每次脑海里出现这句话，我就更痛苦一些。

生活还要继续。我在犹豫是要继续考研，还是考个小地方的公务员？考研，让我觉得以后可能会遇到不一样的人，发生不一样的事，未来还有无限可能。但我年龄太大了，家里又穷，妹妹还在读书，总觉得这样一意孤行只想着自己，太自私了。考公务员，又觉得自己的能力只能考十八线小县城，以后的生活就是上第一天班就能看到最后一天，太无望了，而且可能还要做一些没有意义的、自己不认同的工作。每天都在做这样的思想斗争。

上班的时候，一闲下来，脑子里就是这些。

可能是我还没有想清楚自己想要什么吧，可是我怎么才能知道自己想要什么呢？人生的意义又到底是什么呢？我为什么总是想这些呢？

我不知道要怎么选择，可以的话，希望李老师帮我分析一下。

答：

我猜想你有一个假设，你希望在二十八岁的时候，就可以为将来一生找到一个足够"好"的活法。

很诱人，但也造就了你现在的苦恼：在你目力所及的范围，还没有看到好到可以托付一生的活法。怎么办？——我有一个提议：

你只负责眼前一年，把未来的一生交给"命"。

算命的人说你会很厉害。那是别人的许诺，却成了你的负担，因为你把自己看成"命"的主宰者。这句话其实可以这样理解：只要它是灵验的，那么无论你现在做什么选择，最终都会被"安排"走上一条厉害的路。

神秘的东西我不懂。但我的确知道，站在几十年的时间尺度上，人是被"世事无常"主宰的。谁也做不到现在一个选择就能决定未来一生。二十八岁不能，三十八岁的时候也做不到。你能做的只是安排好二十八岁怎么活。等到二十九岁，可能延续之前的活法，也可能就变了，当了公务员也说不定会辞职，念了研究生也可能退学创业……你是自由的。未来的你想怎么活，现在没法定义。

不要跟算命的人抢生意，未来就姑且信他的吧。你要想的是：如果只能安排二十八岁这一年，这一年要怎么活？

不知道这样会不会简单一点。能把一年安排好，活成自己想要的样子，已经很不容易了。你可以想一个星期，然后给我反馈。

反馈：

李老师的阅读理解能力太强了，总是能在一堆杂乱无章的叙述里找到一个主旨、一个落脚点。

其实看到李老师建议的时候，我已经没有那么纠结了，但李老师的回答还是给了我很多思考。

说实话，这一周时间我思考得不够投入，可能是动力不够。李老师说让我想想怎么过好这一年，把它过成我想要的样子。看了这样的文字让我很轻松，有点一只脚趾触碰到了"活在当下"的那根线的意味。

可我左思右想，还是做不到，做不到把今年一年过成我想要的样子。

我想象的日子太随性了。我还有很多牵挂，我怕我活得那么随性，就会赚更少的钱（本来现在的工资就很少）。我担心爸妈生病，没有钱看病。我担心我妹上大学要为钱操心，不能安心学业。我想尽快有个房子，让爸妈可以来我附近住。我觉得现在的每一步都是在给未来铺路，想找一条让自己安定下来的路，因为把未来交给无常就有可能输，我没有东西可以输。

我喜欢安安静静，看所见之物的本质，更多去追求精神世界，但爸妈还是希望可以享受更好的物质生活。他们不会要求我给他们怎样好的物质生活，但我总是能感到那股期待。就像小时候他们总说你成绩好不好都行，但其实我成绩好的时候，他们就表现得更高兴。

虽然不能把一年都过成我想要的样子，但是有了李老师的启发，我觉得可以在一年里拿出一天、一个星期给自己，我也特别开心！这也很自由了。

复盘：

我还记得这个问答刚发出来的时候，后台有一些留言替提问者感到惋惜，说："一年只能拿出一天给自己，对自己未免太苛刻了。"

我倒觉得，一天也已经很奢侈了。从反馈中，不难体会到提问者的苦恼——不是放不下，而是不允许自己放下。对一些人来说，人生天经地义就是自己的；对于另一些人，人生必须负担的有很多。前者对后者劝几句："为别人而活太累了，不如关注自己。"其实没什么用。这个反馈让我们看到，他们不是不懂得活在当下，而是有着切切实实放不下的理由。

不理解这一点的人，也是幸福的。

而对于放不下的人来说，一年能拿出一天的假期，就很好了。

如果有机会追加一条建议，我想请提问者把这一天的日期定下来，圈到日历本上，这样就不会错过。我很想知道这一天他会怎么过。

9. 转换期的迷茫

问：

我在国外。疫情期间，因为一些利益的原因，我被上级主管用卑鄙的手段逼迫辞职。事情发生得猝不及防，之前毫无征兆和沟通，公司给出的理由很可笑，我无法认同。我找到别的部门想转岗，也被阻拦。后来考虑到疫情变得严重，我无法跟这样无底线的人周旋，便辞职了。

可是辞职后我状态一直不太好，觉得自己受到了不公平的对待。每天超长时间的工作付出换来这样的结果，我非常不甘。

之后我也关注了一些遇到类似状况的人，他们敢于在网络平台发声，我特别佩服他们的勇气。我家里人总觉得这件事已经翻篇了，觉得这种事现在太普遍，可是我心里过不去这道坎。我常梦到那几张脸，在梦里我会保护自己而大声辩护，我会浑身充满情绪地在凌晨突然醒来。尤其是最近，为了平复自己，我开始看心理学的书，反而更常做这样的梦。

我心中充满了愤怒与不甘，却找不到情绪的出口。虽然我也想让这件事翻篇，却常因一些生活细节而联想到当时的情况，一遍遍回想，一遍遍让自己受伤。在几个月以后，当非常信任的朋友问起我的近况，我讲起这件事，依然控制不了地流泪。

因为疫情在我所在国家的情况依然不乐观，相关工作都暂时不招聘了，我也抗拒找工作，却又对在家休息充满了负罪感。总觉得自己应该做一点什么，却又打不起精神，心里很抵触类似的工作，觉得这也许是一个转换职业的契机，却又眼高手低，因想法太多而迷茫。

李老师，您可以给我一些建议吗？非常感谢。

答：

你现在不找工作有两种心态，一是为了报复原单位（"不想就这么放过他们"），二是为了自己（"也许是转换职业的契机，要好好把握"）。

我觉得两种心态夹在一起，会让人很混乱。停在这个状态里，是一种不舒服；离开这个状态，又是另一种不舒服。试试把它们分开呢？

也许这样试一试？把每天在家休息的时间分成两段：每天上午因为气不过而不动，下午为了考虑自己的发展而不动。两个时段井水不犯河水。虽然都是不动，但各自怀有明确的、清晰的目的而保持不动，我猜感觉会很不一样。但我不知道是上午的感觉更好，还是下午更好？

请你这么尝试七天，反馈给我你的感受。

反馈：

感谢李老师之前的回信，我的反馈如下：

对李老师一针见血的观点，我非常佩服。在此之前，我一直在寻求这件事带给我创伤的恢复方法，这也是我写信提问的主要目的，但我没有意识到在我迟迟不动的行动中，隐藏着两个完全不同的状态和目的。

七天观察下来,我发现把两种状态分开非常难,主要是难以从被迫辞职的不甘心状态,切换到考虑未来的状态。不甘心会让我更难受,更情绪化,也更不愿意去做点什么。

有朋友建议去对手公司来消除这种不甘心,我也这样想过,但是这样会离我的目标生活更远。我之所以迟迟不找工作,更多来自对职业转型的渴望,打心底里觉得之前的工作与我未来生活的目标背道而驰。

提问以后,在等待李老师回答之前,我花了大量时间阅读投资类书籍,加上过去好几年的业余投资经历,成为全职个人投资者成了一个选项。当我更多地关注这件事是否可行,专注在学东西本身上,我就不再频繁地想起之前被迫辞职的事情了,那种受伤的感受也更少出现了。它更多地变成了"动",虽然不是找工作这种"动"。

而后面几天,我也就没有再刻意让自己处在受伤的状态中。

除了这两种状态,我还发展出了第三种状态,就是心安理得地享受什么也不做的生活。每天固定两个小时的电视剧时间,让我发自内心感到愉快。

最后,非常感谢李老师的建议。你让我意识到,虽然是被迫辞职,其实只是一个处在转换期的普通人,面临着自己人生阶段转换的矛盾。

改变的工具箱

● **去除评价**

人人都有独特之处。特点本无好坏之分，但在约定俗成的职场语境下，就产生了评价。这个版块里几位提问者的特点，比如"一周只有一天想干活""恐惧权威""对当下的工作有抵触情绪""热衷于自我反思"，就被评价为缺陷。但要用好它们，就要摆脱消极的暗示，把它们还原为"个性"本身。诚然，每种个性都会给工作造成影响，但都可以导向正面的价值。我们通过好几个实验验证了这一点，比如，一周只有一天想干活，那就抓紧这天好好干。

最难以安置的其实是自我谴责，是在干一天活的同时，质问自己"剩下六天干吗去了"。从负面的框架看自己，看到的就全是错漏，继而自责。这非但不会带来积极的行动，反而加剧了问题。越是沉浸在"我不好"的声音里，就越是破罐子破摔，也没有力气去改变什么。而最值得思考的问题是："既然我是这样，那么这样的我又能找到哪些资源，去把事情做好呢？"

所以，请先停下头脑里那些"我不好"的声音。

● **改写故事**

人是生活在故事中的。同样的素材，编织成不同的故事线，就会带给人不同的行动方向。同样都是离职，在《转换期的迷茫》里，既可以讲一个"受到不公正对待，不得不离开"的故事，也可以讲一个"把握机会，顺势离开"的故事。前者就会指向以某种方式报复回去（甚至不惜让自己的职业生涯受损），后者则指向一个更有弹性和前景的变化空间。

因此，任何处于困境中的人，都有某种程度的选择权："问题"只是一种主观建构，是若干个故事版本之一。提问本身就在参与创建问题。试图解答问题的人也不要忘记，提问者已经尝试过一切方法，都不能解决自己的问题。也许存在这样的可能："问题"在强化它自己。顺着唯一的叙事逻辑导出的解决方案，非但不能解决问题，反而让问题更牢固。

那么，你要给出不同的答案，就先要剪辑一个不同的故事版本。

在职场语境下，故事常常指向一个弱小无助的"我"，一个心怀恶意的或是漠不关心的环境（老板、同事、任务、甲方），在进行一场殊死搏斗。围绕这条主线，我们当然可以找到足够多的素材。而同样的素材也可以用在不同的故事里：我真的那么弱小吗？我是否也有我的资源、能力、经验或是谋略？对方是否真的不可理喻或是不可战胜？有没有可能，他没有那么邪恶或冷酷，他也有他的弱点和软肋，他也有情感，有关心的人和在乎的事？甚至（假如我们很努力地发掘），他也有一丝对我的善意的表达？我和他之间的故事，除了对立和战斗之外，是否也有合作和互相成全的空间？

● **人与角色分离**

人在不同环境下扮演不同的角色。角色不是人的全部，即便工作占据了生活的很大比例，也不能将职场角色与一个人混同（比如，不能因为一个人的职业是教师，就默认他在生活中也要处处为人师表），反之，也不好因为某个人自我的身份认同，就限定他在职场中只能扮演什么样的角色（正如不爱社交的人也可以成为一个好销售，悲观消沉的人也可以表演喜剧）。

很多人的痛苦在于，他们把在角色中获得的反馈误以为"我是谁"。他们在职场中束手缚脚，难以发挥主动性，也许是害怕（因为角色中的挫折）证明"我不好"。现代职场跟生活的边界越来越模糊，人们下班后不得不把工作带回家——你只要用手机就不可避免。另一方面，舆论也在灌输这样的印象：你要工作，但不能只是出于"你要工作"才工作；工作是一种崇高的、内在价值的实现，你需要发自内心地热爱并且拥抱它。

人生和工作合二为一，固然感人，但实在做不到也不妨分开，有时还会有轻装上阵的效果。工作是我们在特定的时间和环境下扮演的角色，而人生还有更多的面向。这样想，也许还会让一些工作做得更好。

● 短期的确定

如果从职业生涯的视角——往往跨越了三四十年——考虑人生，常常会为眼下做的事感到焦虑："这是我想要的吗？"一方面它让人思考更长远的意义，另一方面也可能让人过多地沉浸于思考，停下了行动。

未来不可避免地带来不确定。人们无法预见五年十年后的生活，而眼下的生活也必须在切切实实的行动中才能转化为确定性。一个人把大量的时间都用在思考未来（"一次性找准方向再上路"），我会建议他在想不出答案的同时，先找时间把眼下的事做起来。这是并行不悖的两种生活：眼下怎么过，跟未来去哪里不见得有关。《我是普通人，但我不甘心》里，我的建议是"先过好这一年"。对年轻人来说，我认为一年已经是"确定性"管用的最大范畴，两三年之后会在哪里、会做什么，谁也说不清。

人需要长远的视角，也需要确定性。虽然想不清未来，但你也拥有一年或几个月的确定性。一边想着长远的事，一边让自己先过好这一年。

●最小行动按钮

复杂的工作在启动之初，会让人因其"困难"望而却步。一个办法是把工作的第一步设计为一个简便、快速，又能对外界发出信号的动作。一方面阻力小，做起来没有难度，另一方面也是在向其他人宣告："我开始啦。"这是利用人际反馈的原理按下一个启动的按钮。比如，我自己常常抗拒一些烦琐的事务性手续，像是签合同、填表格，一份表格往往被一拖再拖，直到过了截止日期被三番五次催促。现在我的解决办法是：不管情愿与否，先约一个快递上门取件。相比填写那些复杂资料，叫快递太容易了：手机下单，写好地址，提交。一分钟都不用，就按下了这个"按钮"。

开弓就没有了回头箭。快递小哥打电话，说一小时后上门。我就必须在一小时内准备好材料。因为有了第一个动作，后续动作就接二连三，不想做也没办法。运用同样的思路，如果你迟迟没有动力启动一个项目，也可以先拿起手机，跟领导定一个时间，承诺到时汇报项目的想法。

但这种方法有一个前提，那就是我和快递小哥并没有复杂的恩怨，我也不担心他的卷入给我带来更长远的麻烦。如果你对职场人际关系没有这样的信心，你也可以试试不让其他人知道，只做一个动作对自己宣告"启动"。就像《迈不出第一步》的提问者，写一段简历就删掉，除了自己之外并无人知晓。事实证明，这也能作为一个按钮，引发更大的改变。

CHAPTER 4
亲密关系

亲密关系是两个人的私密关系。某种意义上，它应该是最容易处理的一种关系。每一对伴侣都有自己偏好的相处方式，不同的距离、不同的配合、不同的需求与契合方式。只要两个人都感到舒服与安全，这就是一段好的关系。它没有固定的需要学习的规则，也不需要权威的指导。怎么样都可以。

但它偏偏又是最复杂的一种关系。

这是因为我们寄予了太高的期待。我们希望对方是独一无二的，是懂我的，是让人感到慰藉和被珍视的，希望这份关系是富足的，是灵性的，是忠诚的……亲密关系是每个人在孤独时的救赎。在这样的期待下，难免患得患失："我这样是可以的吗？"一旦启动了某种外部标准，把自己架到被评判的位置，就总能找到不足之处。这时候，亲密关系对人非但不是滋养，甚至会变成进一步的苛责："也许我缺乏爱的能力？"但即便没读过本章的这些来信，你也知道，有瑕疵的关系才是关系的普遍状态。

我们来看看它们真实的样子。

1. 一沟通就吵架

问：

我和男朋友频繁为一件事吵架。我想要更多的关心呵护，而他拒绝这样做。只要我一提出要求，哪怕是一个简单的问句，他也会生气。

我希望我们能交换意见，对这个问题达成一致的态度。我问他生气的原因是什么，问他更具体的细节，但他每次都会抗拒，并且反问我：为什么每次都要把一件事情说得明明白白、清清楚楚呢？

他抗拒沟通。我不知道具体在抗拒什么，只要我提出，他就变成战斗状态。并且他自尊心很强，如果我直白点说他不对，他立马就会生气。

这样吵架很伤感情，被刺痛、逃走，又心软的这段时间越来越长。但我还不想放弃这段感情。请问我该怎么跟他有效沟通，解决这个问题呢？

再补充一点：我这几天开始意识到，我没法强求别人做什么，包括男朋友。他自己选择做什么是他的事。但如果我们还是没办法沟通，我们还会为了各种事情争吵不休。

答：

你好。我先说怎么做，再解释具体原因。

请你告诉男朋友：以后你不会强求他做任何事了，但你仍然希望得到他的关心，所以，每天早上你写一个心愿：我希望今天被怎样关心。写到一张纸上，贴在你们都能看到的地方。他愿意满足当然好，你会开心。如果没有满足，你也接受。晚上睡觉前你把纸条取下来，保存好。

你们的关系是对等的，他有需求时也可以像这样写纸条（当然了，他也可以直接向你提出来）。

接下来是解释：

纸条是一种新的沟通方式。对他来说，用语言沟通代表着一种"不得不回应"的危险。但其实你们也在沟通，只是原来的沟通方式对彼此都传递了一些负面信息。你们必须发明一种"安全"的沟通，而不是一发声就被当成一种激惹。用这张纸条，你可以无声地传达：你允许他不做回应，同时你也希望得到关心——这样，沟通的目的就达成了。

另外还有两点附加的信息：

1. 你想继续这段关系；
2. 得不到回应时你会有点失望。

只要你持续贴纸条、取纸条，就是在持续地传递这两点信息。请尝试一个星期，告诉我效果如何。

反馈：

　　李老师好，很抱歉，我没能实行写纸条这个方法。因为这个方法的重要前提是我跟男朋友住在一起，但事实并非如此。我们在同一个城市，一周见两三面，之前也可能会在对方家中过夜，我本以为至少还能试一两次，结果这周两个人都太忙了。

　　不过，我还是有些小发现跟大家分享。

　　其一，我尝试过自己先写好纸条，结果忍不住把纸条的内容写得很长，变成了一封信——更准确地说是一封控诉信，还边写边哭。

　　我发现把要求变成简单的一句话好难，因为理想中要求的提法就像是做计划，要具体，不需要男朋友绞尽脑汁来猜测。这么做了之后，我开始理解他的处境，并且对之前莫名其妙的要求和生气感到有点内疚。

　　其二，我们慢慢地可以沟通，没有吵架。或许是因为我们两个人都各自有反思，有退让。

　　这段时间，有一次我们差点吵起来，又及时刹住车。刚好当时是见面之前，我给自己时间空间先冷静下来，忍着不去指责。见面的时候我已经不生气了，只是他好奇原因，我才跟他讲。他知道之后，只是说他觉得有点无理取闹，并且解释了理由，这件事就这样过去了。

　　有点神奇的是，写提问的那天晚上像是个转折点。我们吵架了，之前我总是想要争论，那天因为工作太累，只觉得不想说话，为了不听话不讲话便把微信卸载了。从这些事情中抽离出来后，才意识到自己变得像控制狂，歇斯底里地索求关心。提问之后几天，一直没有动静，又看到其他人提出的问题比我的严重，我想，我遇到的或许是很小的事情。

或许是这种态度，也或许是别的什么东西改变了局面。

谢谢李老师的解答，我感到自己的小诉求也有被温柔而郑重地对待。

2. 我越操心，他越没信心

问：

这次疫情，老公失业了。

我们在一起十年，去年结婚，一直感情很好，相处融洽。我工作比较稳定，收入这几年也还可以。他毕业不久辞职去创业，再后来工作了两年，加入了同事的创业公司做运营工作。公司经营不算好，疫情之后彻底停运了。

去年他开始考虑学习数据分析，想要跳槽，但学习中夹杂着大量的自我怀疑，比如年纪大了还会不会有人要他。求职进展也很缓慢，今年开始投简历，投递数量不太多（他总觉得自己不够精通，很多岗位不敢投），也没有回音。然后报了网课学习，第一阶段学完之后又开始投简历，依然没有回音。

之前他工作不顺利，我压力也很大，但一直在自我调节，在绝大多数时候给他鼓励和安慰。但可能三十岁以后不安全感越来越强烈，要孩子的愿望也越来越迫切。我一直以为他在很努力地投简历只是没回音，前两天才发现他投递简历数极少，但无论哪种情况都到了我情绪爆发的点。

他说他觉得自己太失败了，踏入社会，什么事情都没做成。我问他觉得怎样算不失败，他说比如创业公司做得好，写篇好小说，数据分析学得好，股票赚很多钱。我问在刚加入创业公司，搭建了运营体系时也这么觉得吗？他说当时不是，但在公司越来越弱的时候就这么觉得了。说自己把一手好牌打得这么烂，之前想转型产品、数据分析、写小说、炒股都是逃避，不知道自己想做什么、能做什么。如果做个没什么成就的普通人也很好，但是连普通人也做不好，真是烂极了。我说你去看看心理咨询师好吗，他犹豫着说好。

当晚我哭着睡着，第二天醒来继续哭。他说昨天情绪太差了，现在觉得自己也没那么差，他会继续学习，国庆节前一定找到一份工作。

虽然情绪上感到一点点安慰，但是我觉得自己不相信他了。我觉得他没几天又会回到原先的状态，周而复始，又拖好久，还是没有工作。

我常常会陷入这种不安的幻想，毕竟这些年他在经济上真的没什么贡献。现在所有家人都不知道他失业的情况，也不知道前些年他的不顺利，我还要替他瞒着。我想到未来经济压力的时候，会对他有怨恨，这是这些年我不敢面对的感受。我们是很好的朋友，我对他情感上有依赖。现在被这两种情绪撕扯着，很痛苦很痛苦。

我看到过李老师关于拖延和焦虑的一些回复，很想发给他看，也想和他说说冥想和正念，但是我忍住了，我怕自己的控制欲也是让他不自信的原因之一。想向您求助两方面的问题：怎么自救？怎么帮助他？

说了太多，不好意思。如果能回复的话，提前感谢您！

答：

  我的建议可能有点古怪。我建议你在未来一周之内，至少有三次，每次至少有一小时，可以离开你的老公，做你喜欢的事，什么都可以。

  这个建议看上去和你的诉求无关。你想帮你老公，事无巨细地记录了这么多信息，都是为了帮他。但这是一个怪圈：他怀疑自己没有能力，而你越是努力做事情帮他，就越是证明了他没有能力——你能帮他解决问题，就等于维持了他的问题。

  既然如此，不如放弃这个目标，考虑更现实一点的事如何？假设你老公暂时就这样，没法更好了。在此前提下，你怎么让自己过得好一点？

  你努力，又有能力，值得让自己过得更好一点。最起码，每周可以有一些时间是给自己的。

  请你先这样过一周，试试看，不为老公操心的感觉怎么样？他觉得怎么样？期待你的反馈。

反馈：

  看了李老师的回复，脑子里有点空，瞬间想不到有什么能让自己高兴的事。但我还是努力去做了，以下是每一天的记录：

第一天

  下班路上看到了好大一朵云，被夕阳映照成橙色。这景象难得一见，于是叫了老公一起出来看，顺便去了超市，回家看了综艺。说不上多喜欢看综艺，但是先从不控制自己、放松下来开始吧。心情比较平静。

第二天

继续放任自己,买了已经很少吃的甜食。

心情继续平静。这两天主要精力都用在了思考自己喜欢什么上,只在下午想了一下老公的求职问题,也没有问他什么。

第三天

总体情绪挺平静的,没有难过时心里揪着的感觉。听了爵士,听了初中时喜欢的歌,这么多年过去依然觉得熟悉且好听,在回忆里待了一会儿。工作不忙,效率还挺高。

第四天

今天的一段时间还是给了老歌。曾经的旋律响起,脑子里充满了少年时的片段,校园里的花间小路,宿舍夜晚阳台上袭人的凉意,和伙伴从歌词里猜测未来的模样……记忆里的那个自己熟悉而陌生,少年时光总是泛着不知因何而起的愁绪,如今回忆起来却笼罩着淡淡的温暖的光。我的世界底色比那时还是明亮了许多吧,人也是强大了许多吧,但是如果偶尔可以躲进以前的时光里,也还是不错的吧。

第五天

白天状态不太好,头疼,工作上也有点麻烦。回家后出去逛逛(很久没有闲逛了),两人都忘了带钥匙。情绪还好,他边走边唱歌,回家又唱了半天。我俩都感慨了一下,差点忘了他也是唱歌很好听的人哪。

第六天

周末的时候常常会情绪化，一般源于无所事事。看了综艺，出门逛了超市吃了饭。这周出门的频率高了好多。

讨论了一下关于他学习和求职的事情。正常讨论，情绪平静。

总体来说，这周的情绪比较稳定，努力取悦自己的过程让我找回了一些其他东西。比如听老歌那天，和他说起感受和回忆。他说：都忘了你还是个文艺女青年呢。他的情绪肉眼可见好了很多。他说会受我影响，可能我也会给他力量吧。但还有一点反面的猜测：他会不会觉得，这段关系可以包容他不改变，这样反而助长了他的逃避呢？……

复盘：

有一种说法认为，帮助的背后有另外一层含义，就是"看低"：你自己搞不定的问题，我可以搞定。虽然助人者自己不这么想，但保不准接受帮助的人会这样想。处在这个阶段，他们对自己的信心本来就不足，就更可能因为善意的援手而感到受伤。所以，最好的帮助有时反倒是不帮。

不帮的意思是："我相信你有能力解决这个问题。"它会让人有更多的被尊重和信任的体验，依靠自己解决问题并获得成就感——当然了，凡事不能过头，如果对方明确表示需要搭把手，就不能放着不管了。

在这个例子里，丈夫需要建立对自己的信心，这是妻子无论如何替代不了的。妻子少做一点，丈夫靠自己解决问题，才是信心的来源。

从互动的角度来看，"不帮"还有一个好处，那就是把双方的权责分得更清晰。如果我们知道我们在乎的人能好好照顾自己，不会为了我们而舍弃他/她自身的需要，这会让我们松一口气，更从容和专注地面对自己的问题——否则，在解决问题的同时，我们还有另一重压力，担心自己拖累对方。这是帮助的另一个副作用，让受帮助的人背负了某种情感负担。

3. 喜欢被照顾，却无法心安理得

问：

我对我老公一直有着深深的愧疚感。

平时主要是老公辅导孩子的功课，我要么看看书，要么刷刷手机。我觉得我过得太轻松了，辅导孩子的重担都压在老公身上。

孩子要去上兴趣班，都是老公开车送。因为我不会开车，也不想学开车。送孩子上兴趣班的时候我基本上都跟着。我其实一点也不想跟着，两个大人一起去陪孩子有些浪费时间。有一段时间实行过只有老公送，但没几次又恢复了。因为我总担心老公希望我陪着他一起送孩子，我觉得应该陪着他。

有时候老公开车去上班，会先绕一下送我到公司。对于这样的事我其实是抵触的，因为这样我又麻烦老公了，但是又觉得不应该拒绝老公的心意，他对我的爱只有我接受了，他才会开心。

生活中还有一些其他的事情，让我觉得老公在我们的关系中承担更多。我有一些情绪都是他来承担的：一是讨好，刻意用力地去讨好，但是讨好中又带着委屈；二是烦躁和抱怨，你对我这么好，我有压力，我就会烦躁。

有一种说法，夫妻关系中同时存在四种状态：大人、小孩、男女，以及灵魂伴侣。我感受了一下，在我和老公的关系中，我大部分时候是小孩，把老公当作大人。同时我又很讨厌自己的小孩状态，所以会尝试当大人，但是当大人又让我觉得委屈。很混乱很纠结，我觉得自己是个神经病。

我不知道我可以做些什么，让自己在亲密关系里更舒展一些。

答：

某种意义上，亲密关系可能是世界上最容易的关系了。它没有固定的需要学习的规则，硬要说的话，就是一条：两个人觉得可以就可以。

你们夫妻现在的情况是，你们有一套各取所需的分工方式——他做得多一点，你做得少一点，你愿打，他愿挨。本来很和谐，只是你头脑里有一个声音在说：这不行！夫妻不"应该"是这样——这个声音是那些理论和书本灌输给你的，它让你相信，爱有一种正确的样子，否则就有麻烦。你确实遇到了麻烦，但麻烦恰恰是因为这个声音，而不是这段关系。如果没有这个声音，你们还有什么问题吗？根据你上面的描述，看不出任何问题。

那就请这个声音闭嘴，不就好了吗？

我想请你试一试，在未来一周，每当你感到"对不起老公"，烦躁"是否该讨好一下他"的时候，不要让这些想象的声音规训你，而是直接向老公发起确认。只要问他一句："你喜欢吗？"

如果他确实不太喜欢，你们再商量怎么调整。

但他极有可能是喜欢的，有些人就是享受在关系里付出更多。那你就大大方方告诉他："不好意思，其实我也喜欢。"

你头脑里的声音可能会在一旁说："太可耻了！这是小孩的情感状态，爱要建立在平等的基础上，你不可以偷懒……"等等等等。这些声音无论听上去多么理直气壮，都不用听。两个人都喜欢，就够了。下次你可以用电影《大话西游》里的一句台词去对付自己头脑里的声音："人家郎才女貌，天生一对，轮得到你这妖怪来反对？"

请在一周后给我反馈，看看会带来怎样的变化。

反馈：

李老师，您好。

您对我问题的回复，我很感动。依照您的建议尝试之后，整个人觉得轻松很多。具体的尝试我都记录下来了。

（作者注：具体尝试涉及过多生活细节，公开发表时只保留了两条）

比如星期一晚上，孩子去找小朋友玩，我和老公吃完晚饭后就各自看手机。我觉察到"妖怪"的声音：我应该去和老公一起看他感兴趣的内容。

我尝试着说：老公，你看你的手机，我看我的手机，这样可以吗？

老公：可以的。

我：我也觉得可以。

说完就很轻松，这种轻松的感觉延续了很久。

还有星期五晚上，准备给孩子默字，老公说：让妈妈给你默。孩子说：不要。

我：孩子希望你帮他默，你愿意帮他吗？

老公：我愿意啊。

我：你俩两情相悦，我就不用凑上去了。

老公：那还不是怕你失落嘛。

我：哦，这样啊，我不失落，你们请。

之前发生过类似的事情，老公让我辅导孩子作业，我认为老公是不愿意辅导，我的愧疚感就出来作怪了。这次和老公确认了之后，才知道老公是为我考虑。确认的感觉很好。

李老师的建议和小伙伴们的评论，我看过几遍，很多点触动到了我，特别想反馈给大家。

1. 李老师说"不要让这些想象的声音规训你，而是直接向老公发起确认。只要问他一句：你喜欢吗？如果他确实不太喜欢，你们再商量怎么调整"，看到这句让我有退缩的感觉，因为害怕老公说不喜欢。我一边享受老公的付出，一边愧疚，一边不喜欢自己的愧疚感，同时又不愿意改变。

2. 比较难做的是"告诉他：我也喜欢"。说出这句话需要很大的勇气，就如同留言里一位小伙伴说的：学会被别人爱和接受别人的爱也很重要。不敢接受别人的爱，被爱是一种压力，这是我对老公有愧疚的一个原因。

3. 留言区一位小伙伴说："这不应该，但我喜欢。这不应该，我也不喜欢。这应该，但我不喜欢。这应该，我也喜欢。"这给了我启发。我对我老公做的一些事情，我觉得是讨好他，其实我也很喜欢做。那么，只要是自己喜欢的，那就去做，就算是有讨好老公的因素在，有什么不可以的。

4. 如李老师所说，我和老公的关系确实没有其他问题，唯一的问题就是我内在的那些声音（怪不得被说是大型凡尔赛现场）。结合留言区一位小伙伴说："也许干预里的这个女生其实是在想：如果他总是任劳任怨，心里会不会对我产生不满，会不会逐渐不爱我了？所以会有不敢接受老公的爱这样一种恐惧感吧。"是的，恐惧感。内心那些声音的来源是恐惧，恐惧失去这份滋养的有爱的关系。

4. 他犯了错，我却不敢说

问：

松蔚老师，一直很想给您写信咨询，但内心真的很忐忑。

简单来说，就是我发现丈夫出轨了。他总是以各种借口说在忙工作，实则是出轨，但也不是单纯一个出轨对象，有的是网上随时可以约的人，有的是他在外假装单身时认识的人。说到这里，可能老师您或者是看到这篇文章的人都会觉得，这样的人不离还留着过年吗？

可是我真的也没有能下定决心离开。

其实一直以来我们也算相处得挺好的。相比起很多其他人的老公，感觉他算非常用心，会时时把我的一些实际需求放在心上，给我认认真真挑选礼物，也愿意花时间陪着我，能一起好好聊天、规划未来。

他是那种手机不离手的人，密码也没告诉过我，我以为他只是看点成人电影吧。但有一天，有个机会可以看他的手机，我忽然很犹豫，可是又说服自己那就看看吧（是的，内心还是怀疑了）。结果就像开头说的那样，我整个人都在颤抖，他竟然为了那些事情和我说了那么多的谎，脸不红心不跳。甚至我还为了他的出行忙前忙后，像个傻子一样。

松蔚老师，我最痛苦的一点就在于，我是否错在去怀疑和去发现呢？我猜可能很多人都遇到过一样的情况，为什么他们还可以继续好好在一起呢？我是否只应该聚焦在我们之间的好，而不再去探究其他呢？

我回想我不曾发现证据的时候，大多数时间也算比较快乐，只是知道了以后，好像就什么都不一样了。我成天提心吊胆，如果他又说谎了，我又把自己扔进悲伤里，想要挣扎但又似乎改变不了他什么。如果发现他没说谎，我好像落下心口大石，暂时松了一口气。

看了很多关于亲密关系的书和课程，好像也没有把自己治愈。我也曾对他旁敲侧击，但他每次都是勃然大怒，认为是我不信任他。

我知道说出这件对我来说难以启齿的事，得到的大多答复应该都是直接分开吧。只是我还不希望是这样，可不可以不是这样呢？

答：

你要做一个非常重大的决定——离不离婚。这个决定我不能替你们做，需要你和他一起做。

做这么大的决定，光说一声"离"或者"不离"都是不够的，没那么简单。做这个决定对你很困难。你必须做好心理准备，它是一个漫长的过程，只有一步一步地往前走，走完第一步才有第二步。

第一步的路标是什么呢？

是你先"坦白"。

你在这段关系里也在偷偷摸摸。你知道了老公出轨，同时不能让他知道"你知道了"。发现出轨这件事，就成了你在独自隐藏的"秘密"。

秘密会蚕食一段关系。它让两个人无法开诚布公，充分交流。即使是你这样的秘密，也让你在这段关系里倍感煎熬。

我的建议是勇敢一点，说出来。

说出来很痛苦，但会让关系更简单。你不需要再瞒着他什么，吵也好、闹也好，你们会像一对正常的夫妻那样，启动正常的交流。

你们很久不曾合作过了。但你们必须再有一次合作，才有可能抵达下一个路标——做出"离或者不离"的决定。

请考虑一个星期，告诉我你怎么打算的。

反馈：

松蔚老师，谢谢您的回信，也谢谢大家的回复。

一周过去了。我还是开不了口。

而且，我不确定说出来之后，确实可以让关系更简单吗？有时感觉他真残忍。既然如此，我大概更应该冷静一些，整理好就转身吧。

对不起，没有给一个很好的反馈。

抱抱大家，希望大家都快快乐乐的。

复盘：

这是一个遗憾的结果。之所以遗憾，是因为这个结果显示出我对这件事情是不中立的。我有一些偏倚：我希望这对夫妻沟通。这个反馈让我意识到，"坦白"这个动作比我以为的更沉重。我以为它是顺理成章的，但它并不是。

一些读者也许感到不解："犯错的又不是她，她在害怕什么呢？"无论是谁犯的错，一旦把这件事摊开来，就代表着夫妻关系的剧变——离婚或是不离婚，双方都不能再像现在这样相处。这是巨大的失落。提问者需要远远超过一周的时间为这个行动做准备，或许她永远都不想有行动。

如果她一直把这个秘密放在心底，他们的关系可以一直保持吗？

我也没有答案。可能有一些夫妻正是这么做的吧！

5. 做决定之前的准备

问：

我非常渴望帮助，在无尽的眼泪和吵架中我觉得好疲惫。

我老公经常和我吵架，他很容易心情不好，然后找各种鸡毛蒜皮的由头把情绪发泄到我身上。我被伤害后他会后悔、道歉，然后循环往复。

我曾经做过一个记录，八个月中只有两个月没有吵架，其他时间每星期吵一次。吵架内容也大同小异，甚至完全相同，就连天太冷了他都会跟我发脾气。大多数的状况是他工作没有进展，很烦躁，就来找我的碴儿。以前我想着把一切做好，尽可能帮助他，可他说那些没有用，他只是想要独处，要我走开。我很受伤，但还是调整了状态出去约朋友，可如果我自己过得很开心，他又会生气，说我不陪他、不关心他。很多事他都会埋怨我，所以现在我都不太敢点菜，连我吃什么经常也是他来决定。

他平时也会给我做饭，也会关心我，我们的爱好和世界观差不多，所以很多美好的东西也会一起分享。他也经常和朋友说有多感激我，觉得有多对不住我，说我有多好。和他在一起，很多时候我会觉得温暖，但他分分钟可能会变脸，前一秒风和日丽，后一秒就变成暴风骤雨。我在这段关系里煎熬了十五年，因为焦虑和长期抑郁，胃已经坏了。

我四十岁了。他对我的粗暴就像悬在我头上的一把刀，随时会落下来。我不想一辈子顶着刀生活。我常常很强烈地感到不被尊重和关系不对等，有时候觉得他就像一个酗酒的人，反复说要戒酒，但根本没有用。

我是不是该离开他？他还能变好吗？

答：

你好！我猜你也能预想到，这个提问下面的大部分建议会是劝你离开，但如果你能下定决心，就不会来问这个问题了。你的犹豫肯定有道理，做出一个重大的决定，需要更多的时间思考。任何人都不能替代这个过程。

所以，我的建议不是针对你该不该离开，而是针对你要如何做出"该不该离开"的决定，我有一个办法。

我建议你只做一件事：定一个时间。

时间就是你必须"下定决心"的日期。你会经历一个犹豫的过程，摇摆不定，多方征求意见，会在某一刻下决心然后过几天反悔……把这些全算上，你会有一个最终做出决定的时间。请你提前决定这个日期，这比决定"该不该离开"要简单多了。在这一天之前可以充分思考，但是到了这一天，无论如何要有一个最终结论。

离开或不离开，那一天必须说了算。

我通常会建议你留出几个月到一年的周期。你可以把日子定在12月31日，有辞旧迎新的氛围。也可以是其他日子，比如生日或纪念日。

定下日期之后，拿一支醒目的笔，在日历上的这一天画个圈。这样它就可以一直提醒你。

　　好了！这就是你做出决定的第一步。只要定一个日期，画个圈就好了。这周就只要做这一件事，别的什么都不用做。一周后告诉我，画下这个圈后，你的心态会不会有一点不同？

反馈：

　　看完回复，我突然感到非常难过。想象着最后分别的一刻，无法控制眼泪大颗大颗地落下来，脑中浮现出他拉着我的手走在街上，没头没脑愣愣的样子。一边哭，一边觉得好羞耻。

　　平静了一会儿之后，开始想定个日子。

　　就在12月31日吧。我想度过一个完整的春夏秋冬，来给自己力量迎接新的开始。想到还有这么久的时间，我突然又觉得轻松很多，想着可以不再纠结离婚的事。最近一直在为做决定煎熬，每天都不断反复地想，问题在哪儿，接下来要怎么做。甚至常常想赌气，立刻结束这一切。

　　现在我需要放下这些事，把自己的日子过好，把失去的东西先找回来。

　　我给自己买了一直想要又不敢买的东西：一个可以夏天在地上打地铺的床垫、一条不知道买了会不会后悔的新裙子、一件新泳衣、一直想看的书、好吃的东西。我还计划着出门玩。

　　婚姻是生活的一部分。我的生活是否幸福是比婚姻更重要的事，那我先好好生活吧。

　　我知道也许不该和他结婚。我和他松松散散谈了八年恋爱，那时候他比现在还要喜怒无常。我们经历了很多次分手和复合，后来我经历了很困难的时期，觉得快扛不住了，我想必须抓住什么漂起来，不然就会沉下去。这时候又见到他，我突然说：要不结婚吧。我知道他有各种问题，也知道这些问题很难解决。但结婚以后，爱让我浮起来了。我慢慢不那么抑郁，也有了力量。所以我特别珍惜这段感情，也感激他给我的爱。结婚以后我一直对他说，我要为他变好，也一直在努力地摆脱抑郁。我的抑郁好了，后遗症就是我一直不自觉地围着他转，生活在一种感情依赖的惰性里。

您的建议是要我决定一个做决定的时间。我感觉时间被拉长了，缓解了立刻要做决定的那种心急如焚的焦虑，也避免了因为冲动而做决定之后可能带来的痛苦。让我照见自己，也更客观地看见他。从现在开始到12月31日，这段时间我要先把自己找回来，然后再从容地做决定。

复盘：

在这个建议里有一个动作，就是画一个圈。不只是敲定一个日期，还要用笔画出来。如果画在月历这样的地方，每天路过都能看得见。那么，这个简单的动作就是一个醒目的符号。这就是行动带来的改变。

因为有这个符号，暂时不做决定的每一天，心态都会更从容，至少不会那么自我怀疑。人们遇到这种情况，最难过的首先是自己这一关。我常常在网上看到这样的求助，后面评论的人都会"劝分"，这样的声音很急促，反倒让接受提议的人更难过。他/她在心里想："我也知道该分，但还是下不了决心，我是不是有什么问题？"带着这样的压力做决定，不但不会更勇敢，反而会对自己有更多的否定。

所以慢慢来，软弱和犹豫都没有任何问题，下决心就是需要很多时间。就像这位提问者，时间让她变得更从容——前提是画一个圈。

6. 没有人活该做个好人

问：

李老师好！有一个问题困扰了我很多年，过了这么久我还是无法解决，希望得到您的帮助。

我和我老公结婚很多年，当初认识他时他很努力，积极向上，一看就是能一起奋斗把日子过好的人。但是随着小孩出生，他越来越懒，工作一塌糊涂，他的领导经常找到我，让我劝他好好工作。他的同事和家人都找我吐槽，说他做事不用心、懒散、心不在焉。

他以前做生意亏过一些钱，都是我在努力还，他一点都不着急。他这五年中至少换了七八份工作，我不知道他想干什么，尝试过和他沟通，管不了三天又是老样子。我劝过他，也没有反馈。不知道他到底是怎么想的，说多了他就发脾气，拒绝沟通，我也没有看到他的改变。

我感觉和这样的人生活特别累。我觉得每个人都应该管好自己，做好自己的事，不应该给身边的人添麻烦，更不应该让同事家人去找自己老婆投诉。除了工作，他算是个好爸爸。但我们欠一屁股债，不能我一个人去还。生活的压力全在我一个人身上。真的不知道该怎么办了。

求助：我该怎么办？

答：

我估计，你对这段婚姻是做过判断的：你还想继续婚姻。那就意味着你不得不承担家庭里的主要职责，也就是说，你还会继续受累。

家庭的职责就是这样，它总是欺负"好人"。两个人承担同样的责任，只要有一方不想负责了，而另一方放不下："总不能两个人都不负责吧！"那好，责任就全落到了心软的那个人身上。

这听起来当然不公平，但如果他死活不改变，你也死活不离开他，结果大概也只能这样。不过，我以前从一本书上看到过类似的家庭，提供给我一种干预的思路，有点古怪，我不确定你有没有兴趣尝试一下：

从现在开始，把你的每一笔收入分成两半：一半算作家庭的钱，用来还债或者别的什么，另一半是属于你自己的，你想怎么花就怎么花。如果找不到花钱的地方，也可以先存起来。万一将来你打算开始新的生活，这笔钱也能用得上。但只能给你一个人用，绝不能变相补贴家里。

这也许会让你们还债的速度慢一些，但没办法。因为你只有一半的身份是妻子，另一半身份是你自己。你赚的钱，最多只能拿一半去尽家庭职责。这会让你平衡一些，因为你的辛苦付出总算有一部分是为自己。

但另一方面，这样做会挑战你作为一个"好人"的人设，所以我不确定你有没有顾虑。你也可以定一个自己舒服的比例，不用非得一半一半。

你先思考一下，一周后反馈给我考虑的结果。

反馈：

谢谢李老师，没想到能收到回复。

您的回信我认真看了好几遍，内心是震撼的。原来以前我从来没有想过自己。总是想着怎么把家里的债务还清，想着怎样把家里日子过好一点，努力再努力，也非常吃力。从来没有想过，原来我是这样的。

您的建议特别唤醒我，我想试试。从现在开始，从把钱分成两部分开始，为我自己存一笔钱，我会试一段时间。半年后再给您反馈。

再次感谢您的帮助！把我从泥潭里拉了一把。

近一年后的第二份反馈：

李老师好，离给您写信已经快一年了。自从接受您的建议后，家庭慢慢变好了许多。

自从把家里的债务进行划分后，我老公找到了新工作，很努力也做出了一些成绩。我也在努力赚钱，还了划给我的那部分欠债，也帮老公还了一点点，剩下的就不帮忙了，我要存起来。

今年我对自己的规划是买一辆车，可以更好地跑客户。多下来的会用来买长期理财。我老公的那部分债务，我建议他换利息更低的贷款，但还是他自己还。

改变的过程虽然痛苦，但是我心情好多了。纵使偶尔因为观念不和而受挫心烦，但是只要回来看看您给我的建议，就能很快从情绪里挣脱出来。感谢您对我的帮助，让我知道除了家庭的角色之外，我还是我自己。

7. 结论是还没有结论

问：

和老公恋爱多年后结婚生子。他性格内向，但内心丰富、敏感又缺乏安全感。前段时间发现他出轨后，我提出离婚，他不愿意。后来我一直在看心理学的文章，也听了一些课程，对之前的沟通方式有很多反思。我想挽救这段婚姻。

他始终坚持说他要这个家，但他没有让我觉得他认识到了问题的严重性：他没有道歉，解决方案还是我提的。我感觉到他在做一些改变，但猜测他目前还没完全和对方断绝联系。他也没有让我觉得他很努力在弥补过错。

而我呢，一直在反省，积极和他沟通，分析相处中存在的问题、事情发生的原因和未来的打算，也分析双方原生家庭的问题等。但他几乎不怎么回应我的这些沟通，两人之间也没有开展其他新的话题。

我看了各家心理学的说法，但反而不知道怎么做了。有的说，你一直对他好，单方面付出，就是在给他压力，也是一种自恋；有的说，要尊重对方的选择，要信任对方，不要逼他；还有的说，要学会表达情绪和不满，过好自己的生活就好，为什么非要理解他？朋友则觉得我一直在退让，很卑微，建议我不要对他抱有希望了。各种各样的意见让我很矛盾。

我静下心想了想，仍然不认为他是个坏人。我希望他能真心实意回归家庭，更希望沟通屏障可以打开。所以我才积极沟通。但即使这样他还是不愿意打开内心，那我该怎么办呢？他为什么这么逃避沟通呢？

答：

其实你们一直在沟通，他在用自己的行动告诉你他是怎么想的。他的想法是：他不打算离婚，但也没想好要不要为这段婚姻投入更多。

也就是说，他还没有确定的结论。

另一方面，你也没有确定的结论。你并不是非要这段婚姻不可，你也需要他给一个态度。你不想逼他留下，但你也不想主动离开。两个人都没有结论，所以你感到矛盾。假如对方态度坚定，无论想挽留婚姻也好，想要离开你也没关系，你都可以有办法。偏偏他表现出这副既想要又不想投入太多的样子，你就拿不定主意了。

但没有结论本身也可以是一个结论，结论就是：你暂时不打算离婚，同时你也不知道能不能长远地走下去。想清楚这一点也是有用的。

没有结论的另一个含义就是，你承认现在还不能做决定，你就可以把做决定的日子放到将来——我建议你暂定一个明确的期限，比如一年。这样你就可以给老公两条确定的结论：

一年之内，我不打算离婚。

一年之后，我们看看这一年相处的情况，再商量要不要继续这段婚姻。

确定下这两条也是有意义的。请你一周后告诉我，这些结论给你们夫妻带来了什么变化。

反馈：

李老师，非常惊喜能这么快收到回复。你的解析让我豁然开朗。

当我不执念于"缺乏沟通"后，我发现，其实日常生活中我们的沟通和一般家庭差不多，我实际在意的是"没有沟通出轨这件事"。而且，之前我可能在态度上表达了伤心愤怒，但行为上没有冷落或者报复他，可能就会让他觉得事情没有很严重。另外，我也意识到自己沟通中存在的问题，比如应该把个人的需求变成共同的需求，不应该把自己变成对方的老师，等等。

在收到你的建议后，结合之前这些反省，我和他沟通了，明确了自己的底线，表达了自己的失望和期望，以及一年后再来考虑要不要继续的想法。一如往常，他没有做出什么反应。他对出轨这件事仍然是避而不谈。但不知道是不是心理作用，我感觉他的表现比起之前还是有提高的。

李老师建议的一年期限，既能给他一些压力，更重要的是也缓解了我的压力，让我不用纠结于现在的做法对不对，不用沉溺在委屈的情绪中，而是有了调整的时间，也知道自己依旧可以选择。人在困惑时，很需要有人帮忙拨开迷雾，所以真的很感谢李老师的建议。

一周内可能很难有大的变化，但我的心态轻松了很多。同时我对自己说，接下来一年不仅仅是关注他的表现，也需要自我调整。

我很喜欢李老师的理念，就是什么都是可以的，什么也都不是非得去做的。面对他的出轨，我的处理方式也让朋友不解，也经常自我怀疑。李老师的文章常常能安慰到这样的我，让我觉得被理解和认同。无论如何，我不会有遗憾。

复盘：

总的来说，我认为婚姻给人提供"适度的确定性"——它可以把一部分未来确定下来，又并不是完全的确定。在不在一起？这不是一锤子买卖，无论起初说得多么坚决，时过境迁都有可能反悔。谁也不能真的保证"永远"。一旦变成永久的承诺，约束的意义就大过了舒适和各取所需。

人需要确定性，但人生总体又是不确定的。解决这个矛盾的办法，就是把大的不确定转化成相对短期的、阶段性的确定。人事合同常常是三年一签，这三年的任期内相对就会安心，专注于当下的事务。我感觉类似的时间尺度也可以放在婚姻契约里。阶段性地给结论，在一年或几年内不考虑变动，但不见得永远不变。这或许也会激发出婚姻中更多的活力。就好像在工作中，几年一签的合同比起终身不变的铁饭碗，工作的表现往往更好。

8. 面对诈尸式育儿

问：

李老师您好，我们家是典型的"诈尸式育儿"。老公是军人，对孩子的态度非常两极分化。工作忙起来不闻不问，不工作的时间也是找朋友一起玩，然后忽然想起来了就管一下孩子，脾气又大，全家都拿他没办法。

孩子不听他的。孩子从小由我和外公外婆带大，男孩子，性格很黏人，跟他爸完全两样。老公觉得是被我娇惯的，但他平时也不管，都是我管，他又觉得我没管好。疫情期间孩子在家上网课，我忙前忙后，有次老师说孩子有一项作业一直没做，老公也没搞清楚原因就把孩子臭骂了一顿。我觉得骂得有点过，但也不敢说什么。虽然孩子不交作业是不对，但被骂成那样也有点委屈的。

孩子对爸爸意见很大，经常顶嘴。父子关系就没有好的时候。老公觉得我平时给孩子灌输了一些不好的东西，但我没有。请问我该怎么办？

答：

你应该从他们父子俩的关系中抽身出来。

你们三个人有三组关系：母子关系、父子关系、夫妻关系。请你尽量把三组关系分开。我的印象是，爸爸跟孩子的关系里，带着一些对你的情绪。你跟孩子的关系里，会不会也带着你对老公的情绪呢（气他平时不帮你）？不知道。如果有的话，这些情绪最好直接向老公表达，和孩子无关。

父子俩的关系，你也要跟自己分开。只要不升级到暴力，你都不用管。如果儿子受不了爸爸找你，你请他直接找爸爸。如果爸爸搞不定儿子找你，你请他直接找儿子。他们父子俩势均力敌，吵嘴也是父与子的亲密。

你呢？你就好好享受属于你的闲暇。

这样坚持一段时间，看看效果怎么样。

第一份反馈：

谢谢李老师的建议。看完之后，我不知道有没有理解到您的意思，您是建议我平时少插手孩子的事，即使老公跟孩子吵架的时候也在一边旁观，是这样吗？我不知道怎么落实到行动上。可能我没说清楚：老公平时管孩子的时候就不多，大部分的时间都是我来管。老公在家的时候也不是每次都吵架，如果他们不吵架，我该怎么给出反馈呢？

几天后的第二份反馈：

李老师，谢谢您！

昨天我意识到，这几天我一直在"等待"老公跟孩子发生争吵，反而让我发现他们有很多良好的互动。老公陪孩子在外面打羽毛球，给他买快餐、可乐吃完了才回家，还不让我知道（平时我不让孩子吃这些垃圾食品）。他俩还发明了一些类似于黑话的语言。看到他们父子的小秘密,我意识到他们的关系没有我想的那么差。这让我很惊讶,也有点惭愧,这些良好的因素被我忽略了。

我觉得我有时候会下意识地夸大一些信息。比如说老公不顾家,一下班就找朋友玩,这只是一部分的信息,另一部分我必须承认他还是有责任心的,每天再怎么晚回到家,都要看一遍孩子的作业。如果发现孩子有行为习惯的问题,他也很上心,也会改正自己的行为。虽然他脾气大,好起来的时候也是很好,也没有李老师担心的打人的情况。

我觉得李老师有一点说得很对,我可能是对这段婚姻关系有不满。气他平时不帮我,也气他花在孩子身上的注意力比花在我身上的多。可能是这些不满放大了我眼中他的缺点,也总是在借题发挥。

新的问题又来了:意识到这些是我的不满,又该怎么办呢?

复盘:

新的问题来了:意识到"我"对婚姻有不满,又该怎么办?

答案是:开诚布公地跟另一半聊一聊。这是最好解决的问题,也可能是最难解决的问题。不管能不能解决,至少,这份不满需要被两个人看到。

9. 婚姻中的经济独立

问：

我的问题是关于经济独立。

两年前我开始自己创业，收入缩水了很多，只有我之前工资的 20%。自然在支出方面我就压缩了很多，可还是入不敷出。

创业的项目是自己的本行，也是非常喜欢的领域。创业也是为了长远考虑。

老公比较支持我的决定，不但承担了所有的生活费用，连我女儿的费用也承担了（女儿是我和前夫的）。我的所有开支都可以用老公的信用卡支付。但老公虽然支持，有时候开玩笑也会提到我工作他赚钱的概念（因为我工作，钱几乎赚不了多少，而他确实在赚钱），或者直接表达羡慕我的家庭主妇生活（女儿大了，家里有全职阿姨，我每天工作六小时后，其他时间就是做运动、看书、学习、打坐……确实连我自己都羡慕我的生活）。

我现在的纠结点有三：

（1）我过去十多年都是经济独立，现在却有点寄人篱下的感觉。即使有我老公的信用卡，还是尽量花自己赚的钱。一年当中每到要提醒他交女儿学费的时间，都会觉得特别不好意思，内心非常愧疚。

（2）自我的价值感和成就感低。

（3）想为女儿树立一个好榜样，独立自主。

所以我想问李老师的是：

（1）是否先解决自己的温饱问题，再为将来、为理想考虑？

（2）要如何调整自己的心态？

（3）我如何知道我要继续我的创业，还是重返职场？

答：

抱歉，你这几个疑问我都提供不了答案。一来不完全是心理学的问题，二来我也怀疑它们是否真的应该有答案。我说说我的想法：

按照传统的婚姻观念，家庭就是财产的最小单位，无所谓"谁"的钱，丈夫的收入、妻子的收入都归属于家庭，支出也是家庭的支出。按照这种观点，你现在的烦恼纯属凡尔赛：家庭的收支状况良好，两个人分工明确，在财产使用方面不存在纠纷，更不用说你还能做自己想做的事。这样看，有什么好烦恼的呢？

但是你提到了经济独立，代表你并不完全认同传统的观念。

也就是说，你把婚后的两个人，在经济义务上仍然看作独立的个体。按照这种观念，作为独立个体的你，生活正依赖于不"属于"自己的财富，就是有风险的。

当然，没有哪一种观念就是对的。不同家庭有不同理解。我有一个建议是，请你们开一个家庭的公共账户，你和老公各自赚的钱，都拿一定比例放到这个账户里——比例可以由你们自己决定，从0%到100%都可以。这样以后你就有三张卡（假设里面都有钱的话），每花一笔钱你都要判断：这是家庭账户里的钱，还是你自己的，还是老公的信用卡？

再次强调，比例从0%到100%都可以。比例的高低，取决于你和老公对婚姻的共识。想不好的话，也可以试行一个比例，再调整。

请你们这周讨论一下，看看如何施行这个家庭账户的方案，一周后给我一个反馈。

最后，我相当佩服你的是，你的纠结在很多人看来都没必要。明明只要换一种观念就能心安理得，但你选择了保持纠结。我猜你也在用这样一种态度，想把你的婚姻观传递给下一代，那就是：哪怕是自寻烦恼也好，也不要在婚姻中失去独立的自我意识。这就是你烦恼的意义。无论你的疑问能否解决，请务必继续纠结下去。

反馈：

李老师您好，收到您的回复非常激动开心。上周日晚上看到更新，特别是建立三个银行账户（假设里面都有钱的话），每花一笔钱，都要想一想，从哪个账户走，我就一个人在床上笑了好久。这段话如实反映了我现在每次花钱从哪张卡里走的状态（现在只有两张，一张老公的，一张自己的），同时又觉得太搞笑了：过个日子，至于嘛！因为我们家财产通透，都是共享财产，所以花哪张卡的钱，都是从一个金库里出。

看了李老师的解答，我冒出一个念头，那就是"争取经济独立"与"不为经济未独立的状态纠结"共存。也就是希望我自己接受这个状态,我想要经济独立,很好,但没必要在家庭经济稳定和老公支持的状态下纠结。

上周我和一个闺密也聊到这个问题,为什么我会有那么强烈的经济独立意识。想来是我十多岁的时候看到的一句话,一直影响到我现在:"经济的独立才是真正的独立。"现在近四十岁,回头看这句话,它还成立吗?

什么才是真正的独立?我感觉包括很多层面:身体上,精神上,财务上。而在我现在来看,精神的独立比财务独立更重要些。其次,什么是经济独立?只要我赚的够我花,我就经济独立了呗,哪怕我不赚钱,进个尼姑院过寺院生活,劳动修行换住宿,也算经济独立吧。所以关键是要怎样生活。再者,即使我现在收入支出不平衡,但只要我愿意,我就可以做到独立,只是我没有那么选择而已。所以我有经济独立的能力,再怎么样,自己总是饿不死的。

一句话,在经济独立问题上,我过分焦虑了。

我还想到另一个状态,在我们结婚前,我一直没有问过我老公的经济状况,直到结婚前两个月,他才和我讲到自己的经济状况。因为当时在找男朋友的时候,我很明确一点,就是我生活自足,只要将来的老公能维持和我一样的生活水准就成。因为没有经济上对另一个人的期待,借此,我可以基本检测我是"爱"一个人还是"需要"一个人,才会和他结婚。

婚后五年,我想这个观念是不是也需要与时俱进?是否可以在"爱"一个人的同时"需要"这个人,而不用非此即彼?我想是可以的,或许可以提高自己对于依赖他人的接受度,这不也是"爱"的一个方面吗？

之前看李老师讲系统理论，我的理解是，自己已经从原来的系统（自给自足）跃迁到新的系统了（创业，需要家人支持）。进入新的阶段，之前的稳定被打破，而我还未完全适应，所以纠结。这方面我可能需要更多的心态调整。我想我需要在新的系统中找到平衡，或许是怎样达到新的家庭支出的新平衡，或许是如何在家庭中找到新的定位和价值。

李老师让我讨论家庭财务的问题，我稍微做了一下变动。我问先生的是，如果我的创业继续不生不死，对家庭财务没有特别的贡献，我们该如何调整？最后得出的答案是，因为我手头有一个项目，明年下半年或许能决定公司能否良好运营下去，所以在这之前先继续，如果项目不是那么成功，我就会考虑重返职场——也就是在此之前，我会继续接受经济援助。

非常感谢李老师的建议，以及评论区很多朋友的意见。做决定很重要，同时意识到自己的状态和缘由，接受现在的状态，也相当重要。

写这篇回复的间隙，去阳台放个风，发现有一只我没有杀死的毛毛虫茧，已经变成蝴蝶破茧而出了。这只蝴蝶现在还飞不起来，但它那么漂亮，突然自己也有种破茧而出的感觉。非常感恩。谢谢李老师的回答！

复盘：

从这个问答出发，我想说说婚姻中的"经济独立"。

这两年经济独立被提得很多，代表着一种观念的进步。它帮助在婚姻中受束缚的一方（通常是女性）争取到了更大的自主性和更多的选择权。但是，把经济独立当作一种规训，甚至是完美婚姻的唯一模型时，也可能是另一重束缚。

在我的咨询经验中，很多全职主妇就深受其苦。身边的人都在煞有介事地主张"女人必须在婚姻中保持经济独立（才能人格独立）"时，这个声音就可能被曲解为：你不赚钱，或者赚的钱不够多，在婚姻中理所当然就享受不到平等。言外之意是：收入能力的对等才是两性在婚姻中地位平等的必要条件。

这显然不是"经济独立"的本来诉求。

要当心它成为一种舆论的潮流，让经济独立成为一种变相的约束，而非赋权。婚姻作为一种契约，天然就规定了两个人的利益和风险共担。所以，对那些让渡了个人职业发展，全力照顾家庭的人，甚至像这位提问者这样奋斗在职场，只是临时需要经济援助的人，要让他们知道：无论个体收入如何，都享有独立的权利。这比单纯的财务分配更重要：独立跟赚钱的多少无关，独立是天经地义的。

改变的工具箱

●**沟通的勇气**

开诚布公地向对方说出自己的所思所感,需要对方怎么做,这在任何关系里都是最有效的解决问题的手段,亲密关系当然也不例外——偏偏在亲密关系里,很多人更愿意"猜":我喜欢鱼头,但我猜你也喜欢鱼头,所以我专门吃鱼身子,把鱼头留给你。这也许是一份体贴的心意,但很多时候,误解也由此而生。为什么不开口向对方确认一下呢?

好的沟通有一些技巧,比如站在对方的立场,避免指责,用积极的、建设性的语言等。市面上已经有很多相关的书籍和课程,但是对大多数人而言,最重要的始终不是沟通的技巧,而是开口的勇气。

●**新的沟通形式**

反复沟通却解决不了的问题,可能跟沟通形式有关。一说沟通,很多人都会关心沟通内容——讲什么。事实上比起内容,对关系影响更大的是沟通形式——怎么讲。包括语气、措辞、表情神态,不经意间流露出的对关系的地位判断……你肯定有过这种经验，对方嘴上说"我不是说你不好"，但你听起来就是感觉自己被指责了。所以经常是一方酝酿好了一大段发言，刚一开口说了几个字，另一方已经听不下去了："还是老一套！"

这种情况下，要产生新的信息就很困难。再好的话，对方都还是按习惯的形式理解。就像在《一沟通就吵架》中的提问者，她对男朋友提出的要求无论是否合理，都可能被理解为一种冒犯。要想有效沟通，就不能只是改变说话的内容，还要换一种沟通的形式。比如，本来用嘴说的，改成写纸条。我给过很多伴侣这类建议：请他们不仅要想出新的沟通内容，还要设计新的沟通形式。有些话说出来是一回事，送个小礼物，把要说的话写到卡片上，就是完全不同的感觉了。小小的变化，常常会让对方一愣。

而对于那些陷入固定模式的关系，这一愣，就是变化的开始。

●**离开互补位置**

家庭治疗有一种观点，认为有些特点看似是属于某一个人的，实际上却是多个人一起"帮助"他维持了这样的特点。典型的例子就是"懒"：一个人的懒需要通过其他人的勤快来维持。我自己不工作，坚持不了多久；但如果有人养我，我就能一直不工作。如果一个人做的事刚好补足了我的缺陷，允许我把某种特点保持下去，这种关系就叫"互补"。无论他是否承认，他都是让我得以继续我行我素的条件。这也就是俗话说的"一个巴掌拍不响"。

强势的一方和顺从的一方；不靠谱的一方和负责任的一方；犯错的一方和反复原谅的一方……都是这样的互补关系。一方停下来了，另一方就孤掌难鸣。

不过，这一点常常是我们的认知盲区。我们习惯于把问题归咎于"某个人"，于是处在互补位置的人就会被看成"受害者"，他们做的事被当成是"善意的""无奈的""不得不"，甚至有时候是为了改变对方（"我是因为他越来越丧气，才不断鼓励他的"）。

如此一来，就很难让后者从自身的角度觉察：要改变前者的行为，他们需要先停下自己的反应，离开互补位置——乍一听像是把"受害者""好心人"当成了共犯，也让人委屈："明明是他/她的错，为什么要我改变自己？难道是我做错了？"当然了，这不是我建议的本意。

但确实，亲密关系之间存在这样奇妙的互动：无所谓谁对谁错，谁在帮谁或者谁在伤害谁，但两个人的行为总在互相影响。你改变了自己（并不见得是说你以前做错了），就改变了你们的关系。关系变了，对方的行为也就变了。

● **家庭生命周期**

根据系统理论，家庭系统要经历六到七个不同的发展阶段，每个阶段都有各自的任务和规则。比如两个人在二人世界的时候，关系非常甜蜜，等他们开始考虑结婚生孩子时就有了冲突，直到建立起了一套适应育儿阶段的关系模式。变化是不可避免的（即便不要孩子，到了某个年龄段也会经历另外的挑战）。无论愿不愿意，亲密关系每隔几年就会有一次蜕变与重生。

在变化的过程中，人们常常困惑于"谁有错"（否则，为什么以前行得通的现在行不通了？）。但是很可能没人犯错，只是到了新的阶段。就像家庭治疗大师萨尔瓦多·米纽秦常说的："你们是非常出色的三岁孩子的父母，只是现在要学习做十三岁孩子的父母。"——原来的养育方式也没错，只是适用于儿童期的孩子，同样的方式搬到青春期孩子这里就是一场噩梦。那就改变吧，迎接新的挑战。理解了这一点，对于关系的变化就不再有抱怨。

两个人对这件事达成共识，会更容易地适应这种生命周期的转换。

● **去除三角化**

在家庭关系中，两个人的关系有问题，当事人又不愿直接面对时，就有可能将第三个人卷入进来，达成一种三角的稳定状态。最常见的例子，就是孩子成为父母矛盾的出气筒。夫妻关系出了问题，父母却各自向孩子抱怨："你发现没有？你妈/你爸的问题太大了。"把孩子一通折腾，两个人的情绪都有所释放，好像平衡一点了，但问题还在。不找"正主"解决问题，问题就永远在。

这种处理问题的方式治标不治本，更不用说还给第三方带来难以名状的压力。因此，两个人的问题，永远更推荐两个人直接解决。

如果发现自己成了被三角化的一方，另外两个人就他们的问题向你寻求倾诉、安慰，或是请求你帮助他们讨要公道时，要学会说："这是你们两个人自己的事，你们自己处理。"

另一方面，也要培养这样的敏感度，能够识别出哪些问题"不是我的问题"。如果发现自己总是卷入别人的问题，就要想想：有没有可能我也在利用别人的事，解决自己在关系中难以面对的问题？

在《面对诈尸式育儿》中就有这样一个例子：妈妈对爸爸的育儿方式感到不满，以为自己是在解决父子关系的问题，但随着觉察的深入，她发现自己其实是在用这一点表达对婚姻的不满。这是她跟丈夫两个人要解决的问题——要先找到正确的人,才会有解决的希望。

CHAPTER 5
人际关系

"一切烦恼都源于人际关系",这是阿德勒的论断。

做好自己已经很难了,更何况还有别人七嘴八舌,要顾及自己有没有满足其他人的期待,就更难。假如世上只有自己,有些困扰就无所谓,按自己舒适的方式生活也未尝不可。但有了别人的眼光,就不行。一旦想到自己在别人看来"有问题",会让所爱的人失望,就会深深痛苦。所有人都说我有问题,哪怕没问题,那也是一个问题。

但是按照这种说法,"别人"就成了彻头彻尾的反面角色,仿佛他们就是绑架我的枷锁,是我通向幸福的最大阻碍。果真如此吗?难道你不曾听过你在意的人澄清,他/她对你的期望并不如你想象中的苛刻?

在关系里做惯了的角色,不会只因为某个人的某句话就解脱。人际关系是一个你中有我、我中有你的嵌套,你与对方都感到身不由己。谁又能在每一个嵌套里,划分有多少是为了自己、多少是为了照顾(我们想象中的)他人?人际关系只是一个烦恼的借口,我们需要这个借口。哪怕我们知道,自己对别人来说也许没那么重要。

只是我们在努力从别人的眼睛里照见自己。

1. 所有人都讨厌我

问：

您好，李老师，想咨询一下关于我体重的问题。

我现在真的很胖，已经快一百四十斤了。我是一个女孩，以前只有一百斤，我总是不停地吃吃吃，才会导致自己变胖。每当我不开心的时候、孤独的时候、焦虑的时候，我都会吃东西。每次吃饭都要吃到十二分饱。

现在看到自己的身体，非常厌恶，感觉自己特别丑，丑到所有人都讨厌我。也不敢照镜子，觉得镜子里的自己特别糟糕，连体重也无法控制。也不好意思去认识新的异性朋友，感觉他们是不会喜欢这么胖的女孩子的，都是肥肉，一点魅力也没有。

但我总是忍不住要暴饮暴食，每次负面情绪来临的时候，都觉得除了吃，没有任何办法和能量来对抗。负面情绪就像腐蚀性的溶液，会溶解我的身体，唯有吃饱了才能承受这样的情绪。

肥胖也给我带来了健康方面的问题。我十分渴望成为一个精力旺盛的人，充满活力，可以去跑步、健身，有健美的形体。但是看着自己现在萎靡、油腻的模样，特别痛苦。每当想锻炼的时候，又觉得自己没有能量，便又开始痛恨这个躯体，为什么不能变得有活力一些？为什么我有一个这样病恹恹、毫无生机、懒惰的躯体呢？看着昔日的朋友身材都还是那么好，便越发自卑，越发恨自己的身体。这样一想，更不开心了，于是又开始暴饮暴食起来。

对于食物我也不挑剔，只是想不停地用食物来填满自己的肚子，每当不停地吃吃吃的时候，都会用力快速地咀嚼，仿佛饿狼扑食一样。很享受快速咀嚼以及饱腹的状态，却也讨厌自己这副吃相。我要怎么办才好？

答：

我理解你陷入了恶性循环中：你不喜欢自己，导致了负面情绪，必须用暴食的方式对抗；反过来，暴食又会加重你对自己的不喜欢。

我有一个建议，帮助过一些跟你相似的人。这个建议有点古怪，你可能不一定想试。这也很正常。但无论如何，我希望你一周后给我一个反馈。如果你最终没有尝试，告诉我一声就好。

我的建议是：主动策划一次暴食。

在未来这周，选出一个你喜欢的、容易有好心情的日子，比如周五，把它策划成"幸福地吃东西的一天"。在这一天里，你吃东西不是因为情绪失控，而是当成一种享受，对自己的犒劳。你可以精心策划在哪里吃、几点吃、吃什么，把想吃的食物事先准备好。到了时间，按你的计划把准备好的食物全都吃下去，吃到十二分饱。

除了这一天之外，其他几天按你平时的习惯度过就可以。也就是说，不用强迫自己做什么，感觉有能量的时候就去锻炼，感觉不好就多吃东西，不需要刻意有什么变化。

我们对比一下，这样的一周跟以前相比，会不会有什么不同。

我知道这有点怪，似乎是在鼓励你的暴食。前面说了，如果你不想尝试，我完全能理解。

反馈：

您好，李老师。

这周一直在策划暴食活动，可惜没有策划成功。一直在想，我到底想吃什么，喜欢吃什么？想了好长时间也没想到自己想吃什么。

然后本周过得还是挺紧张忙碌的，没有轻松的时间，我准备选个休息的日子好好策划一下。

虽然暴食活动没有策划成功，但是本周心情比之前轻松一些，每次吃饭的时候，会不经意间问自己：我是因为心情不好而饮食，还是因为肚子饿了？或者是因为想享受一下食物的美味？这样一想，好像打破了自己大脑中的暴食循环。可能我不只是因为心情不好而暴食，我找到了其他的切入点来看待吃饭这件事情，大脑中慢慢出现了不同的声音。有时候忍不住在想：可能是食物太美味了，是它们在诱惑我，不是我太能吃，不能怪我……

本周吃得依然多，但是对待暴食这件事，精神和心理压力减轻了很多。之前一直为暴食在不断责怪自己，现在对自己有了一些体谅。

两周后的第二份反馈：

本周的暴食行动策划成功。

和朋友一起点了好多东西，吃了十二分饱。和朋友在一起很开心，一边聊天一边吃饭，享受了一顿非常美妙的晚餐。

这周我吃的好像变少了一些，同时也可以享受一些食物本身的美味了。暴食这件事情逐步变成了不是那么重要的问题，不再因为胖而责怪自己吃得太多。

感觉自己在逐步放下暴食这件事。逛街时遇到一个微胖的小姐姐，打扮得很漂亮。想着自己虽然胖，也是可以美丽起来的。希望和我有同样问题的小伙伴们也不会因暴食而给自己带来太大的精神压力。

复盘：

又是一个跟进食相关的困扰。吃东西虽然是一个人的事，但是促使这位提问者暴食的原因，却是想象他人的目光审视自己，由此产生的自我厌恶，不得已只能用食物来化解。所以这是一个和人际关系有关的困扰。

改变很成功。表面上看，成功的关键在于这次"快乐暴食"的仪式。但通过第一次反馈可以看到，在仪式之前，哪怕只是在头脑中策划，改变已经在不知不觉间发生了。提问者"想了好长时间也没想到自己想吃什么"，这是她从前没有想过的。进食对她而言一直只是基于负面的理由——提醒自己在（想象中的）别人眼中是多么糟糕。这引发了恶性循环：越吃越感觉糟糕，越感觉糟糕越要吃。她是在为别人吃东西。一旦她开始策划自己爱吃什么，吃东西这件事就有了正面的价值。即使行为本身没有改变，但它的意义可以只是自己爱吃。当她能为自己吃东西的时候，她就轻松了。

祝大家都能时不时地拥有这份轻松。

2. 我为何如此虚荣

问：

李老师您好！这是一个困扰我许久的问题：我特别在意别人的评价，特别想获得别人的赞赏，而我又特别想要自己不去在意。

最明显的例子是发朋友圈。每次发个动态，不管是分享音乐，还是发点矫情的文字，我内心总是渴望得到很多赞。但同时我又特别鄙视自己的这种想法，觉得自己太虚荣、虚伪。

矛盾的心理成就了扭曲的我。一段时间特别缄默，不愿发朋友圈，一段时间非常活跃，天天发一两条。有时候发完动态就强迫自己不去看手机，却又要忍不住去偷看。我曾经觉得我这么希望得到赞是因为自卑、没有自我，可现在我觉得自己已经自信了许多，这一点上却始终没有改善。

在日常生活中，我独来独往，有些叛逆，试图彰显自己的独立。可在发朋友圈这件事上，我看到自己有多么渴望得到别人的赞赏，这种讨好行为让我厌恶。我希望自己能做到丝毫不在意他人的评价与看法，活得自由自在。

答：

你好！有些人就是比其他人更在意别人的看法，这是他们前进的动力。你大可以顺应自己这个特点，把自己变得更受欢迎。重点是，把你的"在意"落到具体行动上，做对别人有用的事，而不纠结于好或坏的评价。

我的建议很简单：接下来一周，坚持每天为别人做一件小事。

不用拿出很多时间，每天不超过一小时吧。可以是很小的事，哪怕陪人聊一小会儿天也可以。但是，这件事必须能帮上某个人的忙。

可以发一条朋友圈，征集一下朋友们有哪些事需要帮忙。做完这件事，你就可以心安理得地享受他们的赞赏。坚持做一个星期。一个星期后，告诉我你有什么感想？感觉不错的话，坚持这样做下去也无妨。

反馈：

李老师您好！

很抱歉这么晚才回复反馈情况，一部分原因可能在于没有坚持做下去，不太好意思反馈。不过也好，一个多月的时间，经历了其他事情，也在做心理咨询，所以综合起来也收获了更多感悟。以下是正式反馈：

记得刚看到您的建议时，我的第一反应是："什么？做一个受欢迎的人？就我？我这么一个孤僻、内向、独来独往的人，能成一个受欢迎的人？"脑海中瞬间是一百个不可能。但突然间想到您在课程里讲的：想法只是想法，不是事实。这些"不可能"只是快系统的自动化思维。所以，我冷静思考了一下，或许应该大概可以？那还是试试吧。

虽说要试试，但当时我终究没好意思发朋友圈问谁需要帮忙，因为还是担心别人会觉得自己莫名其妙。我也没好意思去问学校同学，总觉得怪怪的。不过好在因为备考，认识了几个聊得来的研友，所以就拿她们当小白鼠。接下来三四天，我都去帮了她们的忙——聊天、唱歌、帮填问卷、解答问题。

嗯，实话实说，心安理得地享受帮助别人后获得的感谢、夸奖的感觉，确实很舒服、很开心。但我最终还是没坚持做下去，因为……说是懒可能也不是，大概因为与周围人形成了固定的互动方式较难坚持下去吧。毕竟我是一个别人在朋友圈发问卷，也几乎不会帮忙填的人。

但是之后一段时间，读书读到森田疗法，加上做心理咨询，我渐渐意识到，如果仅仅是在意别人的看法，并不足以让我这么痛苦。真正让我绝望的是，我非常强烈地排斥、厌恶那部分自己——我为自己试图博取关注感到可耻，为我的虚荣、虚伪感到恶心。我将其视为污垢、恶性肿瘤，只恨不能将其除之而后快。我就那么僵持、矛盾着过了数年，却从没意识到，这个我讨厌的特性，也是我自己的一部分，而我从没有好好地拥抱过自己。

接纳，是改变的第一步。而如果能将其化为己用，那简直是最好不过的事了。我想这就是李老师建议的真正含义吧。

不过，要我一下子做到那一步，改变与周围人的互动方式，实在是不容易。不过没关系，至少我能够开始坦诚地拥抱真实的自己了。

在意别人的看法？那就在意呗，又不会让我掉块肉。谁还不希望自己的朋友圈多几个赞呢？虽然我还是渴望有一天成为无条件自尊型的人，但摆在面前的第一步就是接纳这个特性。

看似矛盾，却是必经之路。

最后，郑重感谢李老师的建议！

一年半之后的第二份反馈：

李老师您好，听说"反馈实验"专栏要出书了，再来分享一下后续情况。

首先，虽然现在不是很认同"有些人就是比其他人更在意别人的看法"这个说法，更多还是觉得早期经验造成了我现在的自恋问题，但重要的是我接纳了——管它是特质还是症状，反正一时半会儿也改变不了，就先接纳了吧。结果就是，虽然还是会期待更多人给我朋友圈点赞，但至少内心不拧巴了，不会陷入那种又期待又厌弃的冲突状态。

后来我也会有意无意地去运用您给的方法，通过帮助他人来满足我的自恋，比如给我妹、同学讲题，做些小事，也有时会给他人提供鼓励、共情，等等。最奇妙的是，有一次我也学着您用悖论干预的方法，给网友提了一个反直觉的小建议，帮他从混乱恢复到正常的学习生活状态。他们的赞美与感谢基本上让我的自恋得到相对满足了。不过，可能因为独来独往或者其他什么原因，倒也没有成为很受欢迎的人。

总觉得还差一点最后的什么东西，可能是完全的自我接纳吧。但总之，感谢李老师的建议！

复盘：

这个建议的步子很大，提出来多半就是做不到的。

（当然能做到就更好啦。）

虽然做不到，但是"试着做一做"本身也带来了一点变化。它通过一个具体的行动指向，给了"虚荣"一个相对确定的框架：你渴望获得赞美吗？那就去帮别人做事吧。如果确实帮到了，你就不再只是"虚荣"，而是创造了实实在在的价值；如果你不这么做，证明你也没有那么"虚荣"。

听上去像一个绕口令，一个概念游戏。事实上，这个提问者的苦恼就是概念带来的。很多人都有类似"对号入座"的思维：抓住别人某些时刻只鳞片爪的反应，通过语言，试图给自己下一个定义，获得在人际中的形象和排位——我会被看成优秀的人还是虚伪的人？我是否值得被爱？他们会看出我是一个特殊的人吗？……

这样给自己下定义，结论当然是极不可靠的，因为这个过程中使用的概念并不稳定，其本质就是猜测"别人怎么猜我"。心情也是忽上忽下，患得患失。

最简单的应对，就是做点实实在在的事。哪怕只是向某个人确认"你是否愿意和我交朋友"，也是好的。无论结果如何，最坏的结果不过就是："没有人在意我的虚荣或清高，我一点都不特殊，我也只是万千渴望被点赞的普通人"，那也很好，也让人释怀。真正让人难受的，永远是"不确定"。

3. 住在孤独的城堡里

问：

我的困扰是，我觉得自己一直在回避人际关系，甚至根本是在切断和他人的关系。

如果没什么特别的理由，我绝对不会出门。每天下班后都会迅速回家，如果不是别人约饭（很偶尔），绝对不会外食。一方面为了省钱，另一方面是避免和店员交流，也不想把自己置身于人多的地方。我要赶快回到自己的"城堡"。那里没有人能看到我，我想做什么就做什么（其实并没有做什么）。

由于我的工作本来就不怎么需要和人沟通，所以我上班会全程戴上耳机，这样别人一般也不会来找我。于是，我可能一整天都不会说一句话。不过，一旦需要说话就感觉有障碍，好像语言退化了一样。而且我在国外生活，外语说不出来的时候像个傻子，这让我很介意，我本来的水平并不是这样。

还有一个从小到大一直没解决的问题是，我几乎无法和人打招呼，尤其和半生不熟的人。比如小时候在楼道看到邻居，我从来不会说"阿姨好"，而是会低头走过去。现在在公司遇到别组的同事也是一样。我觉得打招呼挺麻烦的，我打了招呼对方还要回应，其实我们又不熟，对方甚至可能都不认识我，何必呢？与其给对方一个我懂礼貌的印象，不如给双方省点事儿。

虽然我认为逻辑自洽，但是每次低头无视别人之后，我都会想：完了，没礼貌的印象算是坐实了。如果说在这件事情上我希望有什么改变，那就是希望自己可以对打招呼这件事情不要那么在乎，爱打不打。

这几天赶上调休，我在家整整待了三天。原来可能会借这种机会追追剧和综艺什么的，但是最近也不爱看了。原本热爱熬夜的我开始长时间昏睡，因为不知道醒着的时间还能做什么。我知道外面有很多值得探索的东西，可是我不想走出去，尽管困在自己的城堡里，也没有让我觉得很开心。

答：

在城堡里有一个很大的乐趣，那就是观看城堡外的人活得如何"不幸"。类似于在下大雨的日子里站在窗前，看着外面的行人一路狂奔并且屡屡打滑，这时我们就会说："幸好我没出去！"

我猜你的城堡帮你达成了很多类似的幸运。但你未必意识到了这一点。除非你看一看别人的人生，才知道自己占了哪些便宜。所以，待在城堡里的时候，请你观察或设想一种城堡以外的生活，并回答："幸好我没出去，否则我就会＿＿＿＿＿。"

否则就会怎样？有待你的探索。每天可以探索新的一条。坚持七天，然后反馈给我：在这七天当中，你待在城堡里的时间，总体来说是更多了还是更少了？你待在里面的心态，是更平静了还是更不平静？

反馈：

第一天："幸好我没出去，否则我会非常非常累。"

今天是周末，在城堡里待了二十四小时。但这一天过得和平时不太一样。

因为年底，同事请假的有点儿多，前两天我一个人干了全组的活，压力有点儿大，精神有点儿脆弱，所以昨天下班之后我非常罕见地自己去喝了酒。最近睡眠也不太好，半夜总醒，所以想着喝点儿酒回家可以倒头就睡。

结果没喝到位，半夜还是醒了，而且拉肚子。看了下表，才凌晨五点多。

之后翻来覆去两个小时睡不着，可能酒劲儿还没过，就觉得人生特别惨。再醒来已经是下午了，头很疼，拉开窗帘发现天气不错，决定收了快递之后去超市买点东西。最后也没去，用冰箱里仅剩的食材解决了晚饭。

好像没有更平静，也没有更不平静。不过决定明天出去走走，至少要去超市把元旦期间的食材买了。

第二天："幸好我没出去，否则就会让人看到我有多不堪。"

今天平静地在城堡里待了二十二个小时。按照昨天的计划，中途去超市买了新年期间的食材。出了家门才感受到一些节日的气氛，可是又觉得这个节日和自己毫无关系，毕竟节日需要家人和朋友。

我有一种强烈的不想被人看见的意愿，所以戴着口罩和帽子出了门，也因为这样的打扮感到一丝安心。我想了一下，我在工作上也是这样，虽然完全没有向上发展的想法，但是为了不被领导批评，减少和所有人的沟通，我工作非常认真，在某种程度上可以说是追求完美。可是我这样做其实是为了让别人不要看见我，因为只要不出错，就可以避免交流和沟通。

领导对我的工作评价还比较高，也没怎么责难过我，但我真的是连表扬都不想要。真的，领导，饶了我吧，这也不是什么复杂的工作……

第三天："幸好我没出去，否则我就会失去今天的平静。"
今年最后一天，在忙碌但还算有序的工作中结束了。

下班迅速回家，做饭、看晚会，感觉很平静。虽然独自一人，但完全没觉得孤单，也收到了来自朋友们的消息。前一晚依然没睡好，整整一天都略有耳鸣、心悸。因为工作，今天必须走出城堡，但意外地没有很煎熬。

第四天："幸好我没出去，否则我就会很不安全。"
还是睡不好，感觉一晚上都没睡着，或者一直是半梦半醒。为了提起精神工作，一上午喝了三杯咖啡。我所有能集中的精力可能都给了工作，而这并不是因为我热爱工作，只是因为讨厌被批评。

觉得自己的大脑在萎缩，不想思考也不想学习，就跟我的生存圈子一样，一步步退缩到舒适圈中的舒适圈，我的城堡里最多只容得下我自己一个人。我只吃自己小时候吃的东西，听会唱的歌，不要被人看到。舒不舒适不知道，但是好像比较安心，也感到比较安全。

第五天:"幸好我没出去,否则我就会对自己更不满。"

家是我物理意义上的城堡,插上耳机谁也不理是我心理意义上的城堡。

因为今天要教新人工作,不得不走出城堡比较久的时间。刚好相熟的同事也借着说工作来找我聊天。我倒也不讨厌聊天,可是最近每次聊完都会对自己聊天的表现不满意。明明只是闲聊而已,我竟然会回顾聊天内容和自己的表现,然后后悔应该这样表达自己的想法,那句话不该那样说……

然后我又回想到,我之所以不想走出城堡,导火索就是前段时间参加的一场大型聚会。我既对身处人群中感到不舒服,又对自己的表达万分不满意。少说少错,不说不错,不用见人,也许就不存在对错。

第六天:"幸好我没出去,否则我就会更累。"

今天似乎没什么特别的变化。失眠几近把我变成行尸走肉,记不得事情,说不清想法。我现在唯一能做的事情就是工作,我真觉得自己把所有的精力给了工作,虽然我根本不热爱工作。

下班去地铁站的路上,莫名被问关于东北大米的问题,原来的我可能会很热衷于这种无意义的闲扯,但现在我只觉得好累。可是既然被问到我就觉得一定要回答,虽然只是张嘴,可这都让我觉得好累。

深夜半梦半醒,那些我整天插耳机在听的歌在脑海里循环播放,挺好听的,因为熟悉还让我觉得安全。可是我更想把它们赶走,我想好好睡觉……

第七天:"幸好我没出去,否则我就会……好像也不会怎么样。"

今天是反馈的最后一天,刚好也是结束一整周工作的一天。虽然周末没有任何安排,但可以有两天赖在床上不起来,让我感到了一丝轻松。这一天我向外面跨出了一点点:听了一些没那么熟悉的歌,下班的路上单独和一个熟悉的同事聊了天,没有感到特别累,没有在过后过度苛责自己聊天的表现。我觉得也可能是身体太累了,我决定破罐子破摔,不过暂时来看这样似乎也没什么不好,至少我可以生活得轻松一点。

虽然短期内没有什么走出城堡拥抱世界的计划,但是像城堡里的吸血鬼一样,想出去时就变成蝙蝠默默观察他人,这个视角让我觉得轻松和安全。实际上我在一直以来的人际交往中就是这样的角色,自认为可以在短时间内判断出谁比较危险、需要远离,和谁可以进行哪一个程度的交往、聊哪一个领域的话题之类。为了一些更深刻的关系,年轻时我还会把自己豁出去,但现在不会了。现在的人际交往像是打乒乓球或羽毛球,只追求把对方发过来的球打回去,不求质量。哪怕出界,只要球不落在我的场上就好。

总结:

在这七天中,我在城堡里的时间好像没有特别的变化,因为工作的关系,可能稍微有一些减少。我也感受到,根据"打球"对手的情况,我有的时候会愿意多出来一会儿,有时也会迅速掉头跑回城堡。

心情会波动,无论是走出去还是留在城堡里,都无法让我完全平静。即便留在城堡里，我也无法完全停止对在外表现的回顾，而且会质疑这种退缩。但在决心破罐子破摔后，对待两者的心情似乎都有了走向平静的趋势。

感谢李老师给我这个观察的机会、这种视角，以及我说不上为什么，一种好像是对这种行为的允许。我知道我是自由的，不需要别人允许我做什么，但我好像从这种允许里感到了安心。

复盘：

我偶尔也向往这种把自己掩蔽起来的生活，想想都觉得安心。同时我也知道，那也并非全然的快乐。即便像我这样喜欢独处的人，假如一直与世隔绝，日子长了也难免怀疑："我该不会有什么问题吧？"

但是，请不要先把它当成问题，那只是一种生活选择。对有些人而言，人际关系就是无限压力，那么凭什么不能选择远离人群的生活？纵然有它的坏处，但世上又有哪一种生活可以完全无痛？在外面有外面的不适，在家里有家里的孤独。所以我请提问者思考待在家的好处，背后的逻辑是：它可以被看成一种理性（好处大于痛苦）的选择，而不必当成一个问题。选择本身带来的困扰，也许并不比"觉得自己有问题"的困扰更大。

在反馈的结尾，提问者对于"出去"有了一些松动和尝试。这不是说他就要拥抱外面的世界，仅仅是表明，当他感觉到可以安全地待在"城堡"里之后，他也不排斥偶尔试试另一种生活。我们的生活充满了各种可能，改变并不意味着必须180度地扭转现在的人生，仅仅需要扩大一点可能性。我们可以继续守在家里，同时也不排斥偶尔出来看一眼的可能。

4. 如何安放控制欲

问：

我女儿今年十一岁，五年级，周末作业经常比较拖拉。

偶尔会出现这种情况：周日白天说，已经写完了，然后就在平板上刷视频，等到晚上睡觉后或凌晨四五点，再偷偷爬起来写作业（白天她会写一大部分，剩下一小部分）。

这种情况应该怎么办？怎么让她先完成作业，而不是半夜补作业？

您可能会说，这是孩子自己的事情，她有自己的节奏，她觉得没问题就OK。可我会为此很抓狂，因为我觉得应该先完成作业再玩，这样心里才会没负担。李老师，我该做出什么改变呢？

其实我想通过自己的改变来改变她，对，是改变，而不是影响。有些太急迫了。我知道自己也有很多问题，一直想按心中的好学生标准来塑造她，比如主动学习，多阅读。可结果适得其反。她感受到了我对她的期待或者说是要求，但并不想顺从我。她想对自己的生活有掌控感，这是好的一面。但我还是会经常焦虑纠结。

期待并感谢您的回复！

答：

我感觉你对我已经有一些预设了。你设想我的态度偏向于请你放手，你不愿意放手，但还是留言向我求助。我估计是因为你心里有矛盾，又想听一听这个态度，又不太接受这个态度。

我不会劝你放手。矛盾来自你心里，问再多的人，听再多的道理，都没有用。最终的决定还是由你来做：你决定放手，才放手。

在那之前你可以继续像现在这样，找各种各样的方法，试图改变她、塑造她，向她灌输你的期待、你的焦虑、你的纠结。孩子才十一岁，有些方法或许还有用。你是孩子父母，你有权按照自己的方式养孩子（当然，虐待和冷暴力是不可以的）。

我的建议只有一条，你要给自己定一个"最后期限"。意思是到了这一天，你仍然不能改变她，那就算了，随她去吧。这是因为我看到过很多家庭，父母旷日持久地、徒劳地跟孩子纠缠。孩子痛苦，父母的后半生也被耽误下去。总要有一个止损的时刻，父母承认自己对孩子已经有心无力。有的父母是在孩子四十岁时这么做的，也有的是十四岁。

你肯定不需要等到孩子四十岁吧，但是说回"半夜补作业"这件事，你干预一年、两年，到什么时候随她去呢？——总要有一个明确的期限。到那天假如孩子还是半夜写作业，你也就算了。也不是想开了，只是耗不起了，你还有更多重要的事要做。放手之后怎么办呢？那时如果我的"树洞"还在，你再写信问我——前提是你已经下了放手的决心。

请你在本周内定下做决定的期限，最好精确到某年某月某日。定下之后，给我一个反馈。

反馈：

您好，李老师。

收到您的回复到今天给您反馈的这段时间里，孩子没有再出现过半夜写作业的情况。这中间，我从心里信任她会把自己的作业管理好，再没有催促她写作业。可能这种信任、放松，不关注她作业的状态，也让她感觉不那么拧巴了。也有一部分原因是马上就要期末考试了，她自己也想要好一点的成绩。还有一部分原因可能是来自成绩的正反馈：最近拿回来两张奖状，数学成绩进步，英语测验满分。自从二年级以后，没在学习上得到过奖状，所以她也觉得好好学习会给她带来一些成就感吧。

关于最后期限，我现在觉得不用定了，我觉得孩子有一定的自我管理能力。以后的生活学习中还会遇到让我焦虑纠结的问题。我知道那不光是孩子的问题。我要多关注自己，看看自己的恐惧是什么，需求是什么。

再次谢谢李老师的回复。

复盘：

还是"决定做决定，才能做决定"的思路——把做决定的主动权交还给她本人。不过，评论区里一些读者有疑问：这种养育理念会不会太控制了？涉及两个人的关系，决定权为什么只在妈妈一个人手里？

答案很简单，妈妈愿意发号施令，这就是妈妈自己的决定。至于是否要接受妈妈的发号施令，就是孩子的决定了。孩子有她的主见：选择听妈妈的话，妈妈投入的期待就有回报；

也可以选择拒绝（就像提问者说的，孩子总是有能力按自己的节奏来），妈妈就会持续地被自己的期待困扰。换句话说，只要妈妈继续保留对孩子的高期望，她就有可能陷入失控。

越想控制一个人，就要承担越高的失控风险。

运用这样的思路，我们就把控制欲这件事，从单纯的道德评判（"妈妈从道义上就不应该这么强势"）转变成一笔经济学的买卖（"如果强势可以达到目的，就保持；如果时过境迁，风险超出了收益，就放手"）。这就让当事人有了选择的自由，一来避免外人的判断错误，二来即使真的要改，对当事人也没有指责的意思。指责并非促成改变的好方法。

说回到这个例子，孩子顺应了妈妈的期待，妈妈就不再考虑"放手"。但我认为这是一个巧妙的回应，既没让妈妈失望，又在委婉地提醒妈妈——您的期望值要调整一下了！否则，将来迟早会有落空的时候。

5. 心态失衡

问:

李老师您好,我有个困扰,就是听到朋友或者熟识的人比我优秀,就会心态失衡,感觉很难过、很失落、很沮丧。

比如工作,其实我也很努力,也取得了一定的成绩,但可能由于行业、公司规模等限制,我会在收入、职业发展上比不上一些身边的同龄人。虽然我知道每个人起点不同,不同的行业不太有可比性,但听到别人都比我发展得好,就会觉得自己明明也很努力,工作之余也在学习、考试、充电,但怎么就事事不如人,觉得委屈,也觉得希望渺茫,很难达到对方的高度了。

我也会安慰自己:每个人都有自己的"时区",和自己比就好了;也会想其实每个人都有各自的烦恼,说不定别人也有羡慕我的地方;有时甚至"卑劣"地想,别人比我做得好,只是因为拥有我所不具备的资源。总之,我试图把原因归到别人身上去。但我还是会心态失衡,有时想找借口也找不到,然后我就尽量避免接收到这些消息,可常常无法避免,心情十分低落。

我希望自己在听到这些消息时心态能不那么失衡,不会特别影响心情。希望李老师可以给我一些建议或启发,感谢您。

答：

没必要约束自己的心态失衡。因为约束自己是一件特别费力的事，你已经比他们差了，吃着亏，还要费时费力学习怎么约束自己，凭啥？连失衡都不能痛痛快快失衡了吗？哪有这么霸道的！

没事，你就失衡你的。

我知道你担心这样下去的结果。我建议你先试一次，不加约束，看看它最严重能怎么样。就当做个实验——失衡的时候不做约束，任由这个情绪发展，看看会失衡多长时间？带来多大危害？最严重的时候会扭曲到什么程度？最后会怎么样好转？

这样坚持观察一个星期，再给我反馈。

反馈：

收到李老师的回复，感受很奇妙，好像被包容了，但是又没有如想象中那样被安抚。此刻的心情只能用"笑哭"那个表情来表达。

其实我一开始不是特别理解李老师说的"不加约束地任之失衡"。可能之前一旦有心态失衡的时候，我就会立刻尝试控制、转移注意力，或者自己安抚自己，所以对于"不加约束"四个字，我还是有点蒙的。

这七天内，的确又有一些大大小小的消息让我感觉心态失衡了。一开始我尝试了不加约束的实验，仔细去体会情绪在我心里是怎样流动的。但一般坚持一会儿，就不由自主地又去控制了。在我努力地"不加控制"下，情绪大概持续了一天半。没有现实层面上的危害，就是时而会重复想起那些消息，有一点失落，但是因为要工作，所以自然而然打断了。

但是中间有听到一个比较大的消息，我依然尝试不去控制，有种"憋着"的感觉，可能是因为没有宣泄，感觉情绪一直忍在心里。持续到听到消息后的第二天晚上，我默默哭了一场，一边哭一边写自己觉得委屈、凭什么我也很努力但却感觉事事不如人这种类似的话，哭过写过之后感觉好多了。

再之后想起来之前那些消息，失衡的感觉淡了很多。

我觉得我可能是太强调自己"不应该"心态失衡，"不应该"嫉羡了，那样显得我很低级，所以才努力控制自己。我可能需要先接纳自己有这种"不好"的念头。今天我把让自己嫉羡的点写出来，又写出我现在正在做的努力，以及我还想要做的事情。写好之后就很明确了：我正在努力的事情才是当下最需要做的，那些让我失衡的事，不应当挤占我目前的精力。

复盘：

看到最后一句，又是一个"不应当"，忍不住想说："刚刚才说要接纳不好的念头，怎么又'不应当'了？"再一想：成长本来就要慢慢来，又有领悟，又会保留一些习惯性的不接纳。慢也是可以接纳的吧！

这么一想，倒是我多虑啦。

6. 如何走出讨好模式

问：

我是一个女孩子，从小在重男轻女的家庭中长大，习惯了压抑自我，不断讨好周围人。

工作中我总是很用力地做到完美，也经常讨好领导和同事，让他们觉得开心，但总是无法守住自己的边界。领导和同事会对我提出越来越过分的要求，我替别人承担了越来越多的工作，也承担了别人很多的不良情绪。在这个过程中积累了很多愤怒和怨言，但无法表达出来，也无法拒绝别人。

我很怕周围的人不喜欢我。但无论我如何讨好，最终别人都会讨厌我，甚至排挤我。升职加薪都轮不到我。

感觉自己无论怎么努力，别人也不会喜欢我。每次都很失望，还要继续忍受领导和同事的剥削，不断说服自己，要多加忍耐，但最终当自己再也承受不了那些过分的要求，就会和他们大吵一架，然后离职。

我换了四份工作，每次都是这样的模式，感觉陷入了"讨好—怨恨—无法承受—愤怒离开"的恶性循环中，很痛苦。

我很讨厌自己讨好别人，但总会不由自主地这么做，然后责怪自己，却依旧无法拒绝别人过分的要求，内心充满愤怒和无力感。我要怎么做？

答：

既然这是你无法自控的模式，估计一时是改不掉了。请你在接下来一个星期内，每天观察自己的行为，看看自己做的事情中有几件是：

别人让你做，你不想，却身不由己的；
别人让你做，你也想做，顺势答应的。

把两个数字分别统计下来。一周之后告诉我，每天这两个数据会怎样变化。试试看你在观察的过程中，会不会对自己有更多一点的了解。

反馈：

刚看到这个建议的时候，我思考了一下。写这个反馈让我太痛苦，我根本不想思考这个问题：什么是别人让我做、我不得不做的，什么是别人让我做、我自己也想做的？——这有什么区别？我为什么要区分？难道让我感觉痛苦的，不都是外人让我做的吗？

我很讨厌这样的区分。前几天几乎不想写，勉强写下了几条。在这几天内，我隐约感到自己好像陷入了一种固定的思考模式：让我痛苦的事情都是别人强迫我做的，我的痛苦都是由于我在讨好别人而引起的。

但事实好像和我想的不那么一致。

终于鼓起勇气，忍耐着痛苦，总结了一天中我不得不做和自己想做的事情，比例大约是2:1。

连续写了几天后,我发现我不想做的事情,都是我认为对自己没有价值的,比如一些没有意义的重复工作,以及被迫和我不喜欢的人进行沟通。而对于我想做的事情,就是我认为对自己有价值的事情,能做得超出别人的预期,同时也给自己带来很大的收获。

看来,对于想做和不想做的事,大部分是按照是否对自己有利来区分。再仔细想想,我不想做的事也不是完全对我没有益处,只是有些我认为投入和回报不成比例。这么看,又觉得自己是一个精致的利己主义者。

写的过程中,我发现自己比较关注内心感觉,没有客观关注外界的事情,总是会沉浸在以往的感觉当中。另外也发现在工作中,我无法主动去做一些有价值的事情,仿佛别人不要求我做,我就不会想去做一样。其实我完全有条件去做一些自己认为有价值的事情,别人也阻止不了我。如果我可以多做一些这样的事情,也许就能平衡一下不满的心态。

这个反馈很怪异吗?还需要继续下去吗?感觉思维脱离了以前的轨道,还要再继续干预吗?

几个月后的第二份反馈:

时间过去了几个月,继续写一下反馈,感谢李老师。

上次反馈之后,我在工作中开始有意识地关注自己想做的事,以及自己想要的工作方式和节奏。

为了按照自己的意愿做事情,我拒绝了上级领导给我设定的工作方法,他很愤怒,把我告到老板那里。但是老板支持了我,对我说,只要达到工作的目标就行。这简直让我难以置信。我本以为会受到批评和指责的。

我开始按照自己的工作方式做事情，中间又和上级领导起了几次冲突，但我感觉为了维护自己想做的事，是可以自信地和领导起冲突的。而以前的我几乎不敢拒绝别人，说"不"的时候，心脏就怦怦地一直跳。

这样工作了一段时间之后，上级领导忽然主动与我和好了，不再干预我的工作，我做好汇报即可，领导仅仅在我需要的时候给予支持。我也在工作中慢慢地学会提出自己的要求，会根据工作安排向领导要时间、要人手。

我现在越来越能专注于工作本身，不再过分纠结于领导是否开心。虽然仍旧觉得领导和同事不开心是自己的错，但会更多考虑工作本身：是否做得够好，时间安排是否合理，人员调配是否合适。

回看这段走出讨好模式的经历，就好像从泥潭中爬出来一样，而做自己认为有价值的事，就是让我抓着爬出泥潭的那根竿子。虽然前路漫长且艰辛，但是感谢李老师的建议，让我走过一段难熬的历程，继续向前。

复盘：

讨好的意思是，别人要我做的事，我就做。

而讨好的反面，不一定是"别人要我做的事，我都拒绝"，反倒是"我想做的事，我就做"。做事主要取决于自己的意愿。这当中自然也包含一些别人要我做的事，没关系，如果正好也是我想做的，就做。

但我们说起摆脱讨好的时候，常常误以为是前者，这导致我们把注意力仍旧放在别人的身上，去关注"哪些事是他强加给我的"。因为别人的要求便刻意抵触一件事——这是另外一种把他人放在自己之上。事实上，别人要你做或者不做都不重要，更重要的是你自己怎么想。这也许就是为什么当提问者开始关心自己的意愿之后，她就不知不觉走出了讨好。

7. 身体症状与人际关系

问：

松蔚老师，您好！我最近遇到一件比较烦心的事情，就是在学习状态很好的情况下，发现自己耳鸣。

刚开始我的心态比较好，该做什么就做什么，因为还没有意识到问题的严重性，以为过几天自己就会好。真正让我崩溃的是去看了医生之后。我看了五六个医生，大致的诊断是一致的：神经性耳鸣，需要静养和耐心，然后结合其他方法治疗。但这不是很容易治好的病（或者称之为症状）。

看完医生，我的焦虑直线飙升，心情反反复复，平均每天崩溃一次。我很难理清楚自己为什么有很多愤怒和委屈。几乎所有医生都说这个症状和压力有关，但我看医生之前其实没感觉到自己有压力，自认为心态挺好的。

也可能是因为一开始给我看病的医生说只要吃药就行了，结果我吃了近一周的药没有任何好转的迹象。后来又进行系统治疗，每天花近四个小时的时间在理疗和输液上，已经持续了一周，看不到什么变化。

我仔细审视自己，发现真正影响我的不是耳鸣本身，而是由此引发的一阵阵烦躁。如同刚刚进入一间安静的房间的时候，耳边是清晰的、不间断的蝉鸣，这种烦躁的情绪里掺杂着委屈和愤怒。此外，看到手上输液扎的一排针孔，我就会纠结于自己每天浪费了上午最有精力的四个小时。瞬间，我好不容易维持的心态就崩塌了。我努力利用下午的时间学习（效率还行，就是时间太短），但情绪还是如同洪水，冲击着我的堤坝。

周围的人都劝我放宽心，别在意耳朵，才会好得快。但这似乎是个循环，我的焦虑本来就因耳鸣而起，反过来可能又强化着它。所以想求助李老师，面对这一阵阵烦躁，有没有什么我可以尝试的解决方法？谢谢！

答：

如果你没有感觉到压力，那就不是压力引起的。这叫"不明原因的躯体症状"，引发的原因有一百种，有时甚至没有原因，就是概率问题。

虽然原因不明，但医生说是可治的，这是好消息，但需要静养和耐心。所以我们只能等待，不确定它哪天就消失了。

在这里，最大的问题就是"不确定"。你也体会到了，真正影响你的不是耳鸣本身，而是"不知道它什么时候会消失"的这份不确定。为了让你感觉好一点，你要在等待的过程中，找些快乐的事，甚至可以是趁着耳鸣才能做的事，把耳鸣的这段时间变得不那么难熬。

比如，利用这段时间尽情表达委屈和愤怒。

我猜你在生活中，一定很少有机会表达这些感受。健康的时候，这些感受是不好表达的。只有在生病的情况下它们才是允许的，情有可原的。你可以借此机会，这些天让自己暴躁一点，每天拒绝一些你不想做的事，怼那些你看不惯的人，或者单纯地表达你不开心，享受别人的安慰。只要解释一下你的身体状况，这些事别人是会理解的。

你试试看，有点爽。或者你还会找到别的方法，让耳鸣的这段时间变得不那么难熬。坚持做七天，是不是耳鸣带来的痛苦会少一点？

反馈：

如您所猜测的，在生活里，我的确很难有机会表达愤怒和委屈。即便是在生病的状态下，在您提出这样的尝试的前提下，我也意识到自己很难"自由"地表达这些情绪。

周一晚上，我鼓足勇气发了一次火，我告诉父亲，我实在不想听他再说有关耳鸣的事儿了，我觉得很烦。其实还有后半段我没有讲出来，就是他铺天盖地的"关心"让我感到焦虑和压抑。

当天晚上有点作用，父亲没再唠叨。但是第二天，在我以为终于熬完了把时间榨干的一个疗程（十五天）的时候，那种让我不知所措的"关心"又来了：父亲说再继续做五天针灸。于是，我一边输液一边委屈地哭了，只是想到李老师的建议，好像哭的时候少了一点愧疚感。

有时候我也在想，为什么不能硬气一点，拒绝这样的安排好了。但好像我深陷其中，我对父亲的安排不知所措，也许有点愤怒，还掺杂着一些心疼，不想让父亲这么累。

耳鸣引起的烦躁已经超过了我自己可以调节的负荷，父亲的过度关心只会让我更加崩溃。我试着表达这些愤怒和委屈，最后都化成周围的人无法理解的泪。坦白地讲，我有点难以运用李老师关于"尽情表达"的建议。

既然不能畅快地表达愤怒和委屈，我继续思考着什么事情可以让我觉得没那么难熬。我想了半天，当前的阶段，什么能让我体验到快乐，竟然只能想到和学习有关的事（嘻！）。

上个月因为理疗和输液，学习进度几乎为零，任务几乎原地踏步。虽然遵照医嘱不能过度劳累，但朝着目标前进，我才能体验到那种踏实的快乐啊。因为耳朵，我已经好久没有感受到那种快乐了。

我发现，父亲一提出新的治疗方法，我的情绪就比较激动。我总有一种"被迫"的感觉，我"被迫"去看这个医生。这种"被迫"让我想要反抗。然而我又会对新的医生有一些期待，期待新的治疗方法真的能解决我的困境。更深处，我还会有一种恐惧和担忧，担心再次失望和浪费时间。

这些想法和情绪，围绕着"去或不去"拧成一个解不开的结，所以父亲的建议就像一个开关，他一按，我就陷入情绪的旋涡之中。刚刚整理好的心情又乱掉了。

回头看了看这几天的记录，感觉的确有些丧丧的，有点抱歉呈现这样的反馈。 如果说不存在唯一的真实，我只能保证这份反馈足够真诚。

最后，我在等待的过程中，的确做了一些貌似有益的尝试。例如，我一边输液，一边看完了以前总想着要看但没看的两本书，以及改掉了多年的晚睡习惯，现在十点左右就有了困意。

最后的最后，非常感谢松蔚老师的建议，期待接下来找到更多快乐的事情。

复盘：

很多症状虽然是生理性的，但在我们的文化里，症状有一种人际关系上的意义，它是难得的表达拒绝或疏泄负面情绪的出口。有一些不好意思推却的要求，无力满足的期待，或是疲倦了渴望休息，渴望受到照顾的脆弱，在正常的人际规则下难以启齿，加一句"我最近不舒服"，就变得顺理成章。一般来说，一个人在人际关系中越是有"听话、守规矩"的压力，就越需要生病这样的非常规渠道，让自己放松一下（当然了，也不是想生病就能生），这大概算是一种因祸得福。生病虽然痛苦，有时候也无助，但除了接受医学治疗之外，也不妨当作从人际网络的重重束缚里透一口气。

这也带来一个负面的影响，它让生病这件事变得"重要"。除了身体的确定无疑的那些不适，也许它还会被有意无意地放大、突出。

所以我把这篇问答也收录在人际关系的章节里。我猜提问者的"烦躁"未必全是病痛引起的，可能也有一些来自关系中的积压（比如来信中反复提到的学习、任务，以及看病时有"被迫"的感受），有一些感受只能在生病的时候才有表达的出口。有一个出口是好的。不过，是否要在这个出口上借题发挥，放大生病的影响，是个人的选择——提问者没有选。

选或不选都没关系。重要的是，通过这个觉察，身体的病痛和关系中的烦躁就区分开来。就让身体的事归身体，人际的事归人际。这样一来，虽然未必对治病有什么帮助，至少会让病痛这件事变得不那么重要。

一年后的第二份反馈：

不知不觉，过去一年啦。

虽然还耳鸣，但是它对我的心情、学习和生活的影响微乎其微，我已经很久都没有刻意捂住耳朵，去辨别到底耳鸣的声音变大还是变小了。我的生活仿佛没有耳鸣一般过着，该做什么做什么，甚至还是会戴耳机、还是会熬夜，但再也没有一年前的那种恐慌了。

我想我已经和我的耳鸣握手言和，和平相处啦。

非常感谢松蔚老师一年前的建议，喜欢这些不同视角的思考！

改变的工具箱

● **允许**

人际关系中常常有这种情况，越是不准一个人做什么事，他就越是想做，冲动难以抑制。但如果由他自己一个人做决定，他掂量权衡之后，就会在他舒适的程度停下来。就拿吃饭打比方，一个人吃饭吃饱了，自然就不吃了，但假如不准他吃，他就会有更强的冲动，饱不饱都想再吃一点。

我们在做有些事的时候，会把自己放在人际关系的框架里。做事的意义不只在这件事本身，更在于我们在人际中的位置。在那些被约束和被压制的关系里，人们做出一个违反规则的行为，也许只是为了证明"我可以"——即使这件事本身让他痛苦。《所有人都讨厌我》里的提问者，并不享受暴饮暴食，但当她想象别人用负面的眼光挑剔自己，或者说施加了一个来自外部的禁令（"你不该再暴饮暴食！"），那么她不惜痛苦，也会加倍地那样做。

要跳出这样的怪圈，需要让当事人知道"你可以"（哪怕一件事让你痛苦，你也有权选择它），而这就会收到奇效。乍一看有些冒险：不允许，他都控制不住，现在允许了，他不会变本加厉吗？现实是：允许了，他也就不想做了。在这里我们改变了关系。一个人做出自我负责的决定，前提是他相信自己可以决定。没有人站在对立面，做不做都是为了自己。

●**思维实验**

有一些变化，通过想象就可以发生。只要思考这样的问题："如果这么做了，会怎么样？"它们是一些新奇的、从未尝试的可能性。

不敢尝试，但想一想总是可以的。重点是"会怎么样"，特别是在人际关系里，别人会怎么反应？要回答这个问题，就不能只是泛泛地说一句"这不行""太胡闹了，别人都在笑我""糟糕极了"，还要想想："究竟有几个人笑话我，是怎么笑话我的？""会不会有人根本不在乎？""哪些地方反映出了糟糕？"——这样想，就必须把自己放置在真实的人际背景里，去推导一个行为引起的连锁效应。如果它造成不好的结果，我们要通过想象评估具体的损失是什么样的，而不是情绪先行的一个结论。

说不定这样想完，就觉得："其实也还好。"

这就是一种改变。这种改变几乎不需要任何成本（你甚至不用真的去做，而你头脑里对这件事的判断已经变了)。所以有事没事，就把那些自己已经定下结论的事拿出来，"不可能""不应该"，无论多斩钉截铁，都不妨在头脑里的实验室里复制一回：我们不在乎它在现实中该不该做，只是假设做了，看看会带来哪些结果。想着想着，说不定结论就变了。

结论变了，我们在关系中的位置也就变了。

● **授权**

授权的原理是这样：你出于某种目的，让出一部分主动权，允许别人替你做决定。你当然也知道，这个权限是你授予他的，假如你不乐意，还可以再收回来（就像领导总是说"放手去做"，但他不会真的因此失去控制权）。所以意识到授权，也就意识到了"最根本的权力在自己手里"。

在一段非强制性的关系里，严格来说，别人对你做的事都包含了你自身的授权。我们抱怨自己受到了某个人的影响，看上去身不由己，但我们知道本质上还是你授权了对方在这件事上的影响力。也许这影响恰好是你想要，又有些纠结的（比如，被老板"逼"着拿业绩）。这种情况，我们其实是在"利用"这段关系，让我们既能做出符合自身利益的事，又可以声称这并非出自我们的本意，万一出了岔子，也可以说"都是他害的"（这当然是我的小人之心）。《如何走出讨好模式》的提问者就发现，很多她拒绝不掉的事情，其实自己也想做，对方只是"外包"出去的，负责提供点子的"供应商"。

这样说，当然也有人不高兴。他们并未意识到自己能够授权并且收回，所以他们相信"我之所以那样做，完全是因为对方"，就像《如何安放控制欲》中的那位母亲："完全是因为女儿不听我的，我只能难受。"在这种情况下，授权的理论会让他们意识到："我可以选择，因为最终拿主意的还是我自己。"

●**问题引发的人际变化**

一些明显被看作"问题"或"病态"的行为，会导致人际关系的变化，同时有些变化是有好处的——倒不一定是传统意义上的好坏。比如《身体症状与人际关系》里不明原因的耳鸣，让人在受苦的同时，也有了合情合理发火的权利，又比如《住在孤独的城堡里》的闭门不出，虽然一个人闷闷不乐，却规避了人际关系中更大的风险。这些好处不见得是导致问题的起因（当事人自己也很痛苦，倒不是有意识地"自讨苦吃"），但可以有效减轻问题带给他们的羞耻感。

用系统治疗的语言，就会说这些问题是"有功能的"。

有功能的问题当然也是问题。不过它给了我们一个不同的干预方向——如果确实带来了人际关系中的好处，这些好处是可以被保留的，同时更直截了当。比如，如果生病就能拒绝自己不想做的事，不妨试着直接用语言表达拒绝。这样一来，问题的人际功能被取代了，它就缩小成只是"问题"本身。根据我的经验，这个小小的变化可以让问题的改善大大加速。世界上有太多问题看上去是个体层面的，却和他人的关系有千丝万缕的联系。好的人际关系不一定治病，但秘而不宣的人际诉求却足以让问题越陷越深。

后记：打破惯性的一小步

对于本书中的干预，清华大学的刘丹副教授和我做了多次技术反思和复盘。以下是一部分讨论内容的实录，希望有助于大家理解案例背后的思考。

"我给的建议可能是错的"

李松蔚：我到底想干什么？我自己先说。想把这个东西拿来出书，是因为我自己总结了一下过去这些年写过的东西，这部分相对来说是最有价值的。

刘丹：嗯，有什么价值？

李松蔚：前些年大部分的东西都是在翻译。德国人教的系统治疗，我会翻译成中国读者、心理学爱好者能听懂的内容，但是没什么原创性，基本只是把我学到的东西传达给别人听。这些年里我真正有原创的部分就是这些网上的干预。表面上看是一个几百字的、很浓缩的包装，把改释、悖论干预，隐喻式的催眠，甚至我以前受到的行为治疗的训练都合到一块，有点像系统治疗里边的"结尾干预"环节，但是更浓缩，力量更聚焦。

刘丹：嗯，系统治疗的结尾干预，先做积极的评价，然后给建议，要来访者做一些事。

李松蔚：但实际上，这么大的力量打出去都没有用。因为系统论一直讲"稳态"，很多人在网上提问的时候，其实都是在一个稳态里，有很多千丝万缕的力量维持着他的"不变"。他提问虽然是为了要一个建议，但要来的建议也不是为了改变……

刘丹：而是为了证明自己无法改变。

李松蔚：对，为了证明无法改变。所以给的这个建议要有分寸，既要对抗这个稳态，又不能明着对抗，要顺着它一点。外面看上去都跟以前一样，但里面的逻辑转变一点。有点像汽车减速的过程，踩下刹车的一瞬间，车还在往前走，那个瞬间的速度还没变，但是加速度在变。这是一种很隐蔽的变化，第二序的变化，脱离了第一序的惯性。这里就要用到改释了。就好比《无法填补的缺憾》这个案例：提问者对孩子发脾气，发完火又自我攻击，我如果让她不发脾气，那是没有用的。我打不破她自我攻击的稳态。于是我就说，你这一周可以接着发脾气，这是在想念爸爸，同时我让她找张纸画"正"字，每对孩子发一次火，就画上一笔。

刘丹：你请她画上一笔，这是重要的变化，跟以前单纯发脾气就不一样了。

李松蔚：对。这个动作不是像行为治疗那样说，我发一次脾气，就拿橡皮筋弹手腕惩罚一下自己。那样做在对抗原来的惯性，需要建立很强的信任才行，仅仅在网上给一段文字的话她估计不会去试。而我的建议是顺着她来，接住惯性，然后往前走一小步，把这一步变成具体的动作，对方就愿意去做了。我觉得这是有原创价值的。

刘丹：你这个东西已经形成一个套路了。

李松蔚：是，形成一个套路了。这个套路我觉得是有推广意义的，传统的心理治疗是在一对一治疗的语境里边，需要建立稳定的治疗关系。要是作为心理学家随便提提建议，很多人就不会听，可能听懂了也做不到。现在我找到了一种成本更低的方式，就是走一小步，5%的改变是他可以做到的，那就5%。100%的改变很好，但是做不到，50%也不行，要找到最小但能做到的那一步。所以我厚颜无耻地要求提问者给我反馈，不管反馈是什么……

刘丹：其实就是以结果来驱动，这一点是最大的不一样。你把反馈放在第一位，通过反馈，你才知道哪些工作是有用的，哪些工作是自我欣赏但对别人没有帮助的。

李松蔚：对，我跟很多心理咨询师不一样的地方是，我写公众号。写公众号跟所有其他传统媒体的写作都不一样。文章发出去之后，一个小时之内就会获得很多反馈，立刻就能看到读者都接收到了什么。所以有一点我太清楚了，就是我说的话、写的东西会被怎么样曲解和误解。比如我评论一个新闻，本来想通过这件事介绍一个心理学观点，但如果一个读者强烈地代入了自己的情绪，他就看不到你说的这些。他会说，你就是为了给那个谁"洗地"。所以我太知道了，我想表达什么根本不重要，对方想看到什么才是最重要的。

刘丹：它是你"保命"的方式。

李松蔚：比如今天做咨询，我给来访者说了一句话，那句话把我自己感动到了（笑），但我不会认为这句话他一定会记住、一定会有我所期待的反应。因为他注意到的很可能根本不是这句，而是别的。这是写公众号时我立刻能看到的事情，我发出的信息,有80%都消散了,对面的人只抓住他认为重要的20%,然后按他的理解自动脑补了剩下的80%。所以我想尽量对那个人产生影响,办法只能是使用他自己系统里的东西。

刘丹:我猜这也是亲子矛盾的一个重要原因。因为传统的沟通是不需要收到精准的反馈的,我们喜欢含蓄一点。所以大部分人就是在想象,想象着别人会怎么看。

李松蔚:别人应该怎么看。

刘丹:对,然后父母在教育孩子时,也不听孩子真实的反馈,只会想象孩子应该有什么反馈。孩子过了一段时间就放弃了,不再跟父母进行这种交流了。

李松蔚:交流也没什么用。孩子可能也跟父母反馈说"我不喜欢你们讲这句话",或者"我不是你们看到的这样"。但这个反馈本身,包括给出反馈的孩子,都会被默认是有问题的。

刘丹:对的,是你有问题,所以才不接受我想教给你的东西。

李松蔚:我跟一些讲脱口秀的朋友交流过,他们说最开始去做脱口秀表演的时候,一个难点就是你会情不自禁地为了维护自己作为一个专业工作者的尊严,去贬低那些观众(笑),比如说:"这个场子的观众水平不行,他们不懂什么是喜剧。"

刘丹:"这些观众不高级。"

李松蔚:对,所以才不笑,场子才冷了。表演的人一开始可能会去贬低观众:"因为观众不行,我的表演才不成功。"什么时候他们才会取得进步呢?就是今天的场子冷了,但是你明天还得讲,后天还得讲,你要一场一场地讲。而且卖不出票这个事儿是一个太强烈的痛苦,所以表演的人就会在某个时刻开始想:"就算观众有问题,我也只有这些观众了。先不管他们行不行,我要想办法让这些水平不行的观众也能笑起来。"

刘丹:根据他们的反应去调整自己。

李松蔚:这样的话就会开始进步。有点像是数据驱动,根据对方给到我的那些回应,我再调节自己的工作方式。前提就是先接受观众,接受我要吃这碗饭。

刘丹:进化自己的技术。

李松蔚:我以前学做咨询的时候,有个说法叫作来访者"没有心理学头脑"。咨询不顺利,可以说是因为来访者没有心理学头脑,这样就不怪我。但如果你要吃这碗饭,就要想办法把一些话讲到让这些"没有心理学头脑"的人愿意听,而且有效果。

刘丹:你说的这个非常重要,非常重要。它改变了很多事情。我女儿让我上网看视频,我看了说:"啊,为什么有这么多弹幕?"她说:"我们就是来看弹幕的。"今天的年轻人也看四大名著,但他们是一边看弹幕一边看四大名著的。我们何曾有过看名著的同时还能看到别人对它的反馈呢?没有。有了这种即刻反馈,生态就会迭代得特别快。前几天我给我二姨买衣服,她千叮咛万嘱咐,说要多长的多大的,不要买错了。我说:"你知道吗?现在变得很简单,你不合适就装回袋子里,明天快递就来拿了。"我二姨说:"太麻烦了。"我说:"你听我说,这个事已经变得很简单了,就是你只要不喜欢,你就装回袋子里,明天他就来拿。"——她完全不能想象这件事。过去就是,你做一个决定是不能错的,做了就要接受它。但现在就是你有任何错,随时都可以调整,随时都可以改变。

李松蔚:对,这是我想说的另外一点,它是灵活的。我给的建议可能是错的，可能你试过了发现没有用，没关系，没有用就变嘛。因为它的成本很低，就是一个实验，而且很快地出结果。所以哪怕失败了也是一种成功。因为你成功地了解了自己一点，下次就知道要怎么做更好。所以我把它叫作"实验"，作为实验，就没有失败这一说。

刘丹：写公众号的经验，让你做的这个干预，或者叫网络准咨询，就成了一个新的东西。

有效的干预，要"没有异物感"

李松蔚：这些干预里边，有你觉得有趣的地方吗？

刘丹：基本上我都觉得不仅有趣，而且很高妙。

李松蔚：这是我请你来的主要目的，因为我不方便自夸。请你多讲一点！

刘丹：两个核心点吧。一个核心点就是你是用了90%的力在做joining（融入）嘛，认同他。哪怕提问者极端不想工作、极端烦躁、极端人际冲突什么的，你给的反馈第一部分全部都是正常化，"你已经这样了"，对吧？

李松蔚：是这样。

刘丹：对，这部分是很重要的，我觉得是成功的。前提是joining，然后第二点就是，特别特别小的，tiny（微小），tiny，tiny，tiny，little change，微小的变化。前几天你转给我看的那个研究，《自然物理》（*Nature Physics*）的那个，如何通过扰动一个非常小的节点，来恢复一个失功能的复杂系统。那里面提出了一个两步走的策略：先是重建结构，然后激发。

重建结构这一步,我觉得就是你做的joining,在那个失功能的行为附近建立了很多新的联结。你做的这些支持啊,认同啊,积极赋义啊,都是在围绕这一个点,让它建立一个新的结构,这就是第一步。第二步你再激发。然后这一个点的激发就会带来连锁效应,激活整体的状态,系统功能就恢复了。我觉得这个研究可以作为你的这些实验的原理。

李松蔚:这是我的技术核心,这么容易就被看出来了。(笑)

刘丹:特别有说服力。

李松蔚:我要自我吹捧一下,你说的那个激活,我在这点上是下了功夫的。我在过去的那些经典干预的基础上与时俱进了一点。比如《迈不出第一步》这个例子,我请她写简历,每天写几分钟,写完删掉。这个干预其实是有一个蓝本的,就是MRI(心智研究所)短程治疗小组做过的那个干预:让人写简历,写完不发出去。我在这里把它改了,我说的是删掉。"删掉"是一个动作,和"不发出去"相比,有一种更明确的激活的感觉。"不发出去"是一个阴性的表达,就是不做什么事情,那么她就只能一直想着不这么做……

刘丹:你还是增加了她的自我效能感。

李松蔚:对,我让她做的是一个动作,在电脑上,无论如何要点一下鼠标。操作也很简单,大概只要一秒钟,但那一秒钟就是会有冲击的,是有一些体验在里面的。

刘丹:牛,真的很牛。"删除"这个动作你说的是与时俱进,我觉得更像米尔顿·艾瑞克森(Milton Erickson)说的那句"Experience can be very informative"(经验会带有丰富的信息)。

李松蔚:对。我每次回信时都会绞尽脑汁去设计一个体验。哪怕只有一秒钟，或者哪怕他一点都不变，外观看上去什么都没有改变，可是他内在有那么一点点的震荡，触及了那个最小的、可觉知的改变点。那里边是有强烈的体验的。

刘丹：嗯，你说的与时俱进是什么意思呢？

李松蔚：这就是技术的进步了。因为在电脑上的删除是有一个"活口"的，她发现她可以写完删掉，但只要不清空回收站的话，就可以一键复原。

刘丹：那说明你给的策略还是不够通透，应该删掉再把它清空一下？

李松蔚：你觉得如果让她彻底粉碎了会更好？

刘丹：我现在想到的就是要私人定制，有的人是顺从型，有的人是对抗型。顺从型的人你就要给他留一个机会，对抗型的人你即使让他彻底粉碎了，他可能就是不按你说的干。

李松蔚：这个点其实是我正在考虑的，我相对比较缺乏的东西。就是我现在跟别人的融入，joining的这一块我已经做得很多了，可能有一点过多了……

刘丹：但是你缺少米纽秦那个挑战的部分。

李松蔚：对，有的时候我好像是希望跟对方在一个和风细雨的、大家都点着头说"说得有道理，我会试试看"的氛围下面，去实现改变。但是我不敢（太挑战）——艾瑞克森就会做这样的事，把病人的勋章还是什么直接扔到垃圾桶里，那个退役的飞行员——对方会因为强烈的愤怒或者是被挑战，就往另外一个方向走。

刘丹：来访者可以完全不同意你（治疗师）。

李松蔚：对，我现在不太敢做这方面的尝试，我不敢挑战别人，特别是正在痛苦中的人，我觉得也可能跟公众号这种沟通形式有关。因为不是我跟他一对一交流，还有其他人会围观。

刘丹：对，争议会太大。

李松蔚：还是说案例吧，还有没有你觉得印象深刻的例子？

刘丹：吃东西的这个案例（《是家人的要求，还是自己的需要》）。你让她做一个统计，有一部分是为她自己吃的，还有一部分是为了别人吃的。通过一个简单的分类，把不同的意义分开了。这个很有趣。那个动作足够小，变化足够小，小到所有的人都可以做到，同时在这个干预里面又有极大的接纳和尊重。就是作为一个咨询关系，她体会到你理解她了、支持她了。首先是一个很大的托举的动作，然后要求了一个很小的改变。

李松蔚：还有一部分就是观察。仅仅是看着自己这几天吃什么，但实际上就换了一个层级嘛，我还在做我原来的那个所谓的问题行为，但我已经不是在原来那个不自觉的状态里了。其实就引入了一个更高的视角。包括刚刚说的那个分类，让她去做分类的时候……

刘丹：她一旦开始分类，就不是在分类了。

李松蔚：嗯，但是我在观察这个技术上也推进了一步。如果纯粹让他只是观察，他接收不到那是一个指令，是要他做这么一件事，他不知道怎么做，就会觉得我什么都没给。我只是让他接纳这个问题。那么他就会像原来一样继续想办法搞各种事，继续焦虑。他跳不出来，又回到原来的层级上。我发现观察效果比较好的，都是因为我给他布置了一个特别落地的任务，比如说让他做一个表格，自己去填写，或者统计一个数字。总之就是必须做点什么。

刘丹：这样把观察藏到一个具体的动作里，他才会进入观察的状态。

李松蔚：嗯嗯。

刘丹：还有一个案例我印象比较深。我发现你对他们的文本读得非常细，会用他们的原始资料。比如《一周只有一天想干活》，提问的人说他一周只有组会前一天才会准备科研，然后你就说成1/7的时间，一周只做一天科研。

李松蔚：对，他说的是他六天都没做，而我说的是，你做了一天。

刘丹：这应该叫作什么？又是一句艾瑞克森的话："When you look at things, look at them"（当你看事物的时候，要看着它们）。你是真的在看他说的细节。

李松蔚：这其实是从你这里学来的，叫什么？"Something old, something new"（旧的东西，新的东西）。如果要给对方一些新的东西，最好用他自己的原材料组织起来，减少"排异反应"。"一天"这个点是他没办法"抵赖"的，因为是他自己提供的。

刘丹：是，学嘛很多人都学，但你非常非常精准地用，一点都没有走样。就像在那个反馈里有个人夸你说，你总是能在很多叙述当中找到那个重要的点，这就是你的能力。这个1/7的总结就是这样。提问者叙述的时候说自己一周每天是怎么过的，最后一天开组会，组会前怎么把它搞完……他是在一个弥散的叙事状态里边，但你会非常精准地把它拿出来。

李松蔚：就是因为我注意到了排异反应。我有一个朋友在做脑机接口，他说现在只要像创可贴这么大的一个贴片，贴在额头上，就可以测量很多电生理的指标了。其实技术的核心早就有了，像李维榕老师他们做的那个研究，让人先绑一大堆仪器，再坐下来，用仪器监测家庭对话过程中的数据变化。现在就只要在额头上贴一个创可贴那么大的贴片，没有任何感觉，贴一下就好了。很小，很轻，让人完全感觉不到。我现在觉得把一个东西变小变轻也很重要。以前觉得从无到有才是有价值的，有了之后，你把它做得更轻便，好像只是一种优化，没有质的差异。但现在我意识到这件事同样也是一个飞跃。我给的这些干预，如果说有效的话，其中很重要的一个因素就是干预的体量。

刘丹：特别特别轻。在前期做了好大的铺垫，再让他做一个小动作。

李松蔚：对。所以感觉不到，没有什么异物感。在未来的一周当中不会觉得生活跟之前比有什么变化。我让她写完一点简历就赶快删掉，就只要几分钟，而且删掉这个动作也是从她的叙事当中来的。因为她害怕嘛，那就删掉，剩下的时间她还是刷剧，该干吗干吗。

刘丹：排异反应很小。

李松蔚：对，惯性这个东西真的很厉害。我做一件事情，知道它会很痛苦，但是"我知道"它会很痛苦，这就是一个隐形的好处。因为"我知道"，对我来说就是确定的，所以宁愿在那个确定的、陈旧的反应里，一遍一遍一遍一遍地……

刘丹：什么宁愿呀，那就是神经已经定型了，神经系统就是往那个方向去的。

李松蔚：对对对，克服不了。所以如果给的新东西稍微大一点，跟日常熟悉的东西距离远一点，就是会被扔到一边的。

除非有像米纽秦那么大的劲儿，在现场直接引发一个新的反应，在那个巨大的张力下还能坚持住，我觉得除非有那么大的劲儿……

刘丹：（咨询师）有那个劲儿，也一定是要对方有那个力量。

改变从哪里来？

刘丹：我觉得我们现在还是只说了一面。稳定性是一面，人也会求变化。他来写信，愿意写那么长，然后当你给他一个建议的时候他愿意做，说明他是有要变化的动力的。那些让他失败的东西是什么呢？什么东西会让他变不了，或者让他变了之后又退回来？你用的是"稳态"的解释，我现在想到的是另一点，就是把他放在一个矛盾的系统当中。这个系统中有很多人，也包括他的超我，强烈地希望他有改变。然后他也要跟那些部分对抗。

李松蔚：你是从关系的那个层面上来理解对吧？关系的层面上，他保持自己不变，某种意义上是在保持自己的主动权、自主性。

刘丹：对，所以你记不记得刚开始的时候我提醒你，你问他"一周之后看看有没有好转"，这就暴露了你的意图。"一周之后看看怎么样"就好一点，他就没有对抗的着力点。

李松蔚：还是要中立。

刘丹：因为要求他改变的常常是超我，还有很多的权威，包括咨询师，这些人大部分是否认或者是打击本我，所以他有这样一个关系上的动力。

李松蔚：这里很复杂，我觉得一部分有提问者跟自己想象中的咨询师的关系，比如他可能会觉得咨询师没有足够尊重我，在评价我的生活方式，等等。这跟他过去的经历和客体关系有关。但是放到互联网的语境里，我觉得还有一个部分是，我在某种意义上扮演一个"公共发声者"的角色。所以有的人还有一个动力，就是不想成为"公共"的一部分，不想让自己变成一个符合权威理论的存在。如果我表现得太迫切想让他变好了，对他来讲，"保持不变"这件事情反而多一份意义。这个意义就是：我不是你以为的那么简单，我不好糊弄，我比你预想的那个样子要复杂得多。

刘丹：那我觉得，回到武志红常用的"看见"这个词，我觉得这个词也蛮好。提问的人可能就是想让你看到他的处境，看到他的困难。

李松蔚：很多反馈里边会看到他们有很大的表达的愿望。有人会写几千字的反馈，最后成书的时候只能删掉一部分。你想，那么长的反馈，我觉得他不只是在回应那一个具体的问题，而是借这个机会让自己更多一点被看到。

刘丹：承认他的处境是复杂的、有挑战的，改变是困难的。这是在一个中立的立场上。

李松蔚：在咨询里叫中立，但是我在具体操作的时候，经常就会把它变成"不确定"。其实一旦我承认说，我不知道你是怎么想的，或者我承认这个事情超出了我能够去理解的程度，对他来讲，他就已经感觉到自己被看见了，也不会在这点上跟我对抗了。

刘丹：是。对抗的时候就是你没看见他，你只看见自己的假想,你的解释。

李松蔚:我觉得自己今年变化比较大的一点,是我会大量地说"我不知道"。我给他一个想法,紧跟着说,这只是我的想法,我不知道你会不会同意,你也可能有完全不一样的想法。最近的例子就是《明知有危险,却无法节制》这个案例,提问者吃很多东西,但她有严重的糖尿病,不应该吃那么多。我对她的一个理解就是,吃东西这个事对她就是人生的乐趣,意义之所在。现在她为了健康不能再这么吃了,但接下来的问题就是如果她不能这么吃了……

刘丹:她的乐趣是什么。

李松蔚:对,对,然后我说我也不知道。我也给她建议,我说也许你可以考虑研发一些特殊的食谱,没那么多糖,对身体没那么多负担,也很美味。但是我也不知道,也许这件事情你会觉得有意义,也许不会。我就在反复强调我不知道。最后她的回信也很有趣。她写了几段,一段说她现在确实在研究这件事,什么样的吃法比较健康又让人有饱腹感,而另一部分她在思考要去做一些儿童福利方面的工作。她喜欢小孩子,她说那个部分才是她的意义。她前一封来信完全没有提到这部分的思考,就让我以为说:哦,吃东西这件事就是她的全部。

刘丹:给未知留有空间。

李松蔚:对,本来我在写回复的时候都写完了,但我在发表之前说,不行,我要把我的回复改得不那么确定一点。

刘丹:实际上,当你反复说不知道的时候,就是启动了她……

李松蔚:她就会开始去想,然后她在回信里面说自己在思考这个问题。这是一个很大的问题。也许是被"我不知道"启动了。这是我今年觉得自己有进步的地方,我会说"不知道"了。

刘丹:你不是主角,对方才是主角。

李松蔚:像《不想加班,我该辞职吗?》这个案例,两年后又给了一个反馈。我现在特别喜欢这种长间隔的反馈。时间长一点,就会看到我的力量没什么用,她往哪里去都是系统的决定。她问要不要换工作,她提问的时候完全不清楚,我让她收集家人的意见,她去问了家人,最后也还是没想清楚。但过了两年她反馈说:现在回了老家,换了一份工作,这份工作恰到好处地符合两年前的那个调查,几乎吻合了每个人的期望。看到这种反馈,我甚至会有一种震撼。几年的时间跨度,会让人看到有一些更大的主题浮现出来,类似于像是命运或者什么……

刘丹:派遣、代际传递。

李松蔚:对,类似这样的东西。它需要在以年为单位的跨度上面,一个人或者一个系统进入另外一个生命周期的时候,那个答案才会浮现出来。一个水落石出的过程。

刘丹:你把这个写上去。

李松蔚:写了。我最近对这个体会特别多。上次中德班我们看的案例,那个案例跨越了六年还是几年。六年前家庭里争得不可开交的一些问题,觉得不可能有解决方案的问题,六年后发现,结局其实早就被安排好了,这个结局刚好也回应了当时所有的声音。

刘丹:是,有时候是咨询师太自恋了。

李松蔚:好多问题必须放在一个大的时间尺度上面去看,家庭的,甚至是更大的生命周期。再回过头来看这些问题:睡觉睡不好、拖延、对工作不满意……这些问题就根本不是现在的样子,而是更大的故事的一部分。就像一组乐曲终了,下一组乐曲开始之前,中间那段转换的时间,听上去怎么突然变了,调子不一样了,是演奏出了什么问题吗?大家都很着急,咨询师也很着急:怎么办?怎么回到之前的状态?其实只要耐心等一等,就会发现没什么问题,只是下面一段开始了。

刘丹:这对你的自恋有打击吗?

李松蔚:我过了这个阶段了。它是让我想到类似于《百年孤独》这样的小说,那种让人震惊的时间画卷,不是一时一地、一城一池的东西,它远远超出了个人的力量。

刘丹:我想起艾瑞克森做的两个个案,有一个是那个女来访者,脸上长了瘊子,咨询师让她回去每天泡三次脚。然后过了两年她再回来,已经忘了这事儿,瘊子都不见了。还有一个是男孩子脸上长了粉刺,然后艾瑞克森让妈妈带他去旅行,旅行的时候把镜子都藏起来。其实他去旅行,去看不同的事情,本身就有治疗的效果。很难说这到底是干预带来的改变,还是时间带来的改变、生命周期发生的变化……

李松蔚:刚才这个案例,我让提问者做一个表格,去问每个家人的意见。其实家人说什么,可能都不重要。因为她后来反馈说在提问的时候,已经做了要辞职的决定了。但那个时候她必须做一点事情,如果什么都不做,也许在那个时间点上她会觉得不知所措。

刘丹:觉得这个决定太大了。

李松蔚:对对,她做了一些事情之后,会有一点安心,然后两年之后她回头看,就发现真正推进改变的力量不是我,而是时间。我只不过是在那段时间扶了她一把。

刘丹：刚才说统计，你总共做了多少例？有多少拿到反馈，有多少反馈是好的？

李松蔚：现在如果数下来的话，一共做了有一百多例了，一百二十多吧。拿到反馈的大概占3/4，好的反馈我不好说，因为我也不确定什么就是好的。

刘丹：还是可以确定的，可以用质性研究的方式做编码。

李松蔚：大部分反馈的人都会说谢谢李老师，你的建议对我有启发，然后说接下来他有哪些变化。但是他的变化可能跟我的建议有关系，也可能完全无关，甚至可能是反着做，也可能我其实给建议的时候也预料到了他会反着做……这怎么编码呢？

刘丹：还是可以做文本分析，就用这些简单的标签。

李松蔚：糖尿病这篇，我就不知道怎么编码。你看她的回信，很神奇的是，她周一看了这个回答，周二就呕吐了一场，而且是很剧烈地呕吐了一场。她说她都惊呆了，她都没想到自己能吐出那么多东西。我其实也惊呆了，我不认为这跟我写的东西有任何关系，但确实发生了。所以这个统计应该把它算进去吗？算有效的干预吗？

刘丹：有一次S老师督导的时候，W上厕所，他说他是为自己上的厕所……你当时在吗？

李松蔚：（笑）好像在。

刘丹：（笑）我想想，你这个是什么，你这个是反向形成。就是你过于喜悦了，然后要掩饰自己的喜悦。

李松蔚：我拒绝听你这些动力学的解释。你现在怎么变得这么动力学？

刘丹：因为这是你不擅长的呀，你没话说了吧。好，我想说的是，它是在那个场域里边发生的事情，要优先把它解释成跟这个场域有关系。而你呢，自恋地把它拿出去，剔除一个数据，就显得大公无私嘛。这就暴露了你要么是无私，要么就是有意地在掩饰一些事情。我从你的导师钱铭怡那里学到的很重要的一件事情，就是我写博士论文编量表的时候，把一道宗教的题目拿出去，她问我为什么把它拿出去？我说在中国人的生活里，这个宗教的经验特别少。她说你不能这样，你不能凭一己的意志把它拿出去。我还是挺受教的。

李松蔚：钱老师闪光的时刻。

刘丹：我觉得那是对的。你这个干预就是强烈的效果啊。

李松蔚：这是一个在客观上呈现的强烈的效果，但在主观上我没有能力做出解释，或者迄今为止没有得到一个能让我信服的解释。我只想接受那些我能解释的效果。

刘丹：那你可以把这个部分单独放在里面，写上：我不能解释这个结果。然后你可以邀请读者解释。或者放一些解释，写上：这是我不赞同的解释。是吧？那很吸引人。你把所有不能解释的全都放在书上面，就发现这些章节卖得最好，甚至是最重要的。你不是"给未知留空间"吗？

"脑袋伸进来，腿还在门外"

刘丹：我们在讲你作为一个实验者，一个咨询师身份的实验者的进化，你能感觉到这里面有什么不同的阶段吗？

李松蔚：其实是有的。最早的那个阶段我是在求新，那时候我眼中有一个非常明确的对手，就是那个"陈旧的模式"，稳态。不管稳态是什么，反正它就是问题。我那时候受米纽秦的影响也很深。米纽秦一直在说嘛，要让来访者去挑战，去尝试一些新的东西。所以我那个阶段有点"故作惊人之语"，我一定要你知道你的看法是错的，有一些新的可能性你要去探索。那时候我还做过一个尝试，做非常短的问答，我也不要反馈，我就用一两句话回答你的问题。那些回答下面很多人都在赞叹，说脑洞大开。我觉得可能对旁观者来讲确实有启发，因为确实能够在一个人习惯建构的视角之外，原地转身，给出一个完全相反的建构。

刘丹：是非常有观赏价值的。

李松蔚：对，那个时候就是"求新"。其实那个阶段得到的反馈也比较少，很多人可能看了就觉得"跟我没什么关系"，"你说得很厉害，但是跟我没什么关系"。

刘丹：对，是的。

李松蔚：然后第二个阶段我放松一点了，有了中立的意识。当时的中立就是说，我说了什么不重要，关键是你要去做，你要做点不一样的事。我觉得是有那样的一个……

刘丹：所谓的"中立"。

李松蔚：对，就是我刻意去表现，我没有在影响你。在那个阶段里边，我对人的接纳程度是有增加的。我就不停地去说，你自己有答案，你得做点什么。往哪个方向都可以，哪怕你说你尝试了一些，然后觉得还是原来的路子最适合自己，OK，那是你的自由。

刘丹：一下子把所有的权力都交给他。

李松蔚：现在我也是这么想的，权力是他的，但我不会一下子放手不管。那样给对方的感觉太陌生了。人要在熟悉的状态下才会有改变。所以我会做更多的联结。我会理解他现在的状态，也会建议他可以做点什么，而且很具体。在行动的分寸和尺度上我变得更精细了。每个干预的每一句话我都会琢磨，写完之后我还会把自己放在那个读者的位置上再读一遍。

刘丹：代入一下读者的感受。

李松蔚：对，如果读到哪句话，觉得"李老师好像在暗示我什么"，我就会在那里停下来，把那句话改一改。比如《一直在失去，一直不甘心》这个案例里，提问者就觉得"李老师希望我放下"。这是我没做好的。虽然我只是说"你可以不放下，也可以放下"，但这句话的劲儿还是大了。对方就会觉得这是一种隐晦的暗示，在否认她现在的生活态度。现在我作为一个读者读到这里，我就会说，不行。我要跟她完全站在一边，变成："可能有的人会建议你放下，但我觉得，你现在这样也完全没问题啊。它对你来说也许是一种精明的策略。"

刘丹：这是跟弗里茨·西蒙（Fritz Simon）学的。

李松蔚：嗯，我现在回去读他的《循环提问》，发现有很多对话细节还是挺值得学习的。他会说"你肯定有你的道理，但我没搞懂，可能是我太笨了"，就是又笨拙，又很仗义。不是那种冷冰冰地说"你看着办"。他可能很无知，但态度上是支持的。你就不是孤军奋战的感觉，怎么做都好，反正有一个傻乎乎的治疗师会陪着你试错。

刘丹：你把要说的话写出来，再看一遍，相当于让自己有个机会听一下这个干预听起来是什么感觉。这个还是挺重要的。

李松蔚：我有一个做自媒体的朋友，她有一个写文章的办法，就是每次写完之后，她会代入一个什么样的读者的角度去读呢？就是我很不耐烦了，我只想打《王者荣耀》，我现在随便看一眼手机，除非标题特别吸引我才会点开，第一行特别有意思才会看第二行……那个心态就是"我随时打算放弃"。在这种状况下还能把文章看完，这篇文章才可以发表。

刘丹：批判性阅读。

李松蔚：对，我有借鉴她的这个视角，我不能假设一个读者焚香沐浴，已经准备好接受一些新鲜认知了，再读我的回答。那样的读者只有1%。我需要想象自己是这么一个读者，确实想改变，但又一肚子气，非常不耐烦看到专家的说教，总觉得你们那些话是站着说话不腰疼，你们根本不懂我。在这种情况下，如果我还能接受这个干预，它才是可以发表的。

刘丹：这个方法非常好。批判性阅读，你这个叫"阻抗性阅读"。换一个位置，而且换的那个位置可能不是一个已经做好准备改变自己的提问者。

李松蔚：对，也许人家脑袋伸进来，脚还在门外，随时准备跑。这也是我花了好几年才接受的。我本来想，他们来都来了，总该是想跟我学点东西嘛（笑）。现在知道，学习新的东西就代表着打破原来熟悉的东西，人们没那么容易想学新东西。

刘丹：好为人师型人格障碍（笑）。现在我们也讲得太多了，就停在这里吧。

李松蔚：好，停在这里。

感谢与致敬

本书中的大部分干预方法，脱胎于系统式心理治疗（Systemic Psychotherapy），这是一门以系统论为核心的心理治疗流派。如果说书中某些干预具有灵光一现或是独辟蹊径的探索价值，首先归功于无数在系统论和系统式心理治疗领域探路的前辈大师们。

感谢心智研究所（Mental Research Institute）关于第一序改变和第二序改变，以及引入控制论来研究人类互动的天才创见；感谢肯尼斯·格根（Kenneth Gergen）提出的社会建构主义，从哲学观的维度推进了二阶控制论的思考；感谢杰·海利（Jay Haley）创立策略式心理干预，为"策略"在心理治疗中找到一席之地；感谢米尔顿·艾瑞克森运用不寻常的智慧，在短程治疗领域谱写了让人心悦诚服的传奇；感谢弗里茨·西蒙在《循环提问》一书中记载的奇思妙想，并最终通过"中德班"、万文鹏教授、赵旭东教授，把系统式心理治疗的思想引入中国。有了以他们为代表的无数前人的努力，我才有机会做出一点延展，把他们的智慧浓缩为最小的扰动点，结合网络的互动性，探索一种更低成本的干预模式。

我还要特别感谢清华大学的刘丹老师。她是在系统式心理治疗领域卓有建树的研究者和实践者，也是将我带入这一领域的引路人。无论是通过反馈验证干预效果的创意，还是干预方案的打磨，甚至是把案例结集成书所需要的框架脉络，都离不开她的点拨。

致敬每一位信任我的读者。勇敢地留言写下自己的问题，信任我的建议，耐心记录生活的变化并愿意发表出来的提问者们，你们的勇气自不待言。还有很多读者同样向我提问，却因为我精力所限，没有回复，我要向你们表示歉意和同样的敬意。感谢所有通过我的公众号关注这个项目的朋友，你们的存在增加了我坚持的动力。很多朋友都在案例后面写下自己的感想，这些评论也会被提问者认真阅读。有意思的是，一些留言对他们的影响甚至大于我的建议。可以说，评论就是干预的一部分，所有留言的人都是协同干预者。

一个遗憾是，网上的评论没有收录到本书中。有兴趣的人，可以在公众号"李松蔚"搜索"反馈实验"专栏看到。在那里也随时欢迎你的留言，补充对案例的新想法。

扫码关注微信公众号"李松蔚"

5% 的改变

作者 _ 李松蔚

编辑 _ 周喆　封面设计 _ 董歆昱　主管 _ 阴牧云
内文制作 _ 吴偲靓　技术编辑 _ 顾逸飞　责任印制 _ 杨景依　出品人 _ 王誉

营销团队 _ 毛婷　魏洋

果麦
www.goldmye.com

以 微 小 的 力 量 推 动 文 明

图书在版编目（CIP）数据

5%的改变 / 李松蔚著. -- 成都：四川文艺出版社，2022.6（2025.9重印）
ISBN 978-7-5411-6377-7

Ⅰ. ①5… Ⅱ. ①李… Ⅲ. ①心理学—通俗读物 Ⅳ. ① B84-49

中国版本图书馆CIP数据核字（2022）第 094754 号

5% DE GAIBIAN
5%的改变
李松蔚 著

出 品 人	冯 静
责任编辑	路 嵩
特约编辑	周 喆
封面设计	董歆昱
责任校对	段 敏
出版发行	四川文艺出版社 （成都市锦江区三色路238号）
	果麦文化传媒股份有限公司
网　　址	www.scwys.com
电　　话	021-64386496（发行部）　028-86361781（编辑部）
印　　刷	天津丰富彩艺印刷有限公司
成品尺寸	145mm×210mm
开　　本	32开
印　　张	8.75
字　　数	190千
印　　数	299,801—309,800
版　　次	2022年6月第一版
印　　次	2025年9月第二十二次印刷
书　　号	ISBN 978-7-5411-6377-7
定　　价	49.80元

版权所有　侵权必究。如发现印装质量问题影响阅读，请联系021-64386496调换。